电力营销一线员工作业一本通

用电检查（第二版）

本书编委会　编

内 容 提 要

本书为“电力营销一线员工作业一本通”丛书之《用电检查》分册，着重围绕服务规范、周期性检查、检查结果处理、应急处置、隐患缺陷典型示例五个方面，对用电检查岗位的基本工作和典型工作进行了梳理和分析，对用电检查人员日常业务的工作前准备、工作中作业、工作后处理三个阶段以及应急处置、服务礼仪进行了规范和演示，具备很强的实用性。

本书可供电力营销基层管理者和一线员工培训和自学使用。

图书在版编目（CIP）数据

用电检查 /《用电检查》编委会编．—2版．—北京：中国电力出版社，2016.8（2023.9重印）

（电力营销一线员工作业一本通）

ISBN 978-7-5123-7859-9

Ⅰ．①用…　Ⅱ．①用…　Ⅲ．①用电管理　Ⅳ．①TM92

中国版本图书馆CIP数据核字（2015）第126425号

中国电力出版社出版、发行

（北京市东城区北京站西街19号　100005　http://www.cepp.sgcc.com.cn）

北京九天鸿程印刷有限责任公司印刷

各地新华书店经售

*

2013年4月第一版

2016年8月第二版　2023年9月北京第十二次印刷

787毫米×1092毫米　32开本　5.75印张　118千字

定价：38.00元（含1光盘）

编　委　会

编　写　组

丛书序

国网浙江省电力公司正在国家电网公司领导下，以“两个率先”的精神全面建设“一强三优”现代公司。建设一支技术技能精湛、操作标准规范、服务理念先进的一线技能人员队伍是实现“两个一流”的必然要求和有力支撑。

2013年，国网浙江省电力公司组织编写了“电力营销一线员工作业一本通”丛书，受到了公司系统营销岗位员工的一致好评，并形成了一定的品牌效应。2016年，国网浙江省电力公司将“一本通”拓展到电网运检、调控业务，形成了“电网企业一线员工作业一本通”丛书。

“电网企业一线员工作业一本通”丛书的编写，是为了将管理制度与技术规范落地，把标准规范整合、翻译成一线员工看得懂、记得住、可执行的操作手册，以不断提高员工操作技能和供电服务水平。丛书主要体现了以下特点：

一是内容涵盖全，业务流程清晰。其内容涵盖了营销稽查、变电站智能巡检机器人现场运维、特高压直流保护与控制运维等近30项生产一线主要专项业务或操作，对作业准备、现场作业、应急处理等事项进行了翔实描述，工作要点明确、步骤清晰、流程规范。

二是标准规范，注重实效。书中内容均符合国家、行业或国家电网公司颁布的标准规范，结合生产实际，体现最新操作要求、操作规范和操作工艺。一线员工均可以从中获得启发，举一反三，不断提升操作规范性和安全性。

三是图文并茂，生动易学。丛书内容全部通过现场操作实景照片、简明漫画、操作流程图及简要文字说明等一线员工喜闻乐见的方式展现，使“一本通”真正成为大家的口袋书、工具书。

最后，向“电网企业一线员工作业一本通”丛书的出版表示诚挚的祝贺，向付出辛勤劳动的编写人员表示衷心的感谢！

国网浙江省电力公司总经理　肖世杰

前　言

为全面践行国家电网公司“四个服务”的企业宗旨，进一步强化电力营销基层班组的基础管理，提高电力营销基层员工的基本功，持续提升供电服务水平，一批来自电力营销的基层管理者和业务技术能手，本着“规范、统一、实效”的原则，编写了“电力营销一线员工作业一本通”丛书。

本丛书编写组结合电力营销专业各岗位的特点，遵循电力营销有关法律、法规、规章、制度、标准、规程等，紧扣营销实际工作，从岗位的服务规范、作业规范、应急处理、日常运营、故障分析处理等出发，编写了本丛书，并开展了审核、统稿、专家评审等工作。

在编写过程中，编写组还通过一边编写一边实训的方式，带动和培养了一批优秀的技能人才。同时，不断提炼完善，自编、自导、自演了配套的视频教材，使得该套丛书具有图文并茂、通俗易懂、方便自学等特点，得以在基层员工中落地开花。

本书为“电力营销一线员工作业一本通”丛书之《用电检查》分册，着重围绕服务规范、周期性检查、检查结果处理、应急处置、隐患缺陷典型示例五个方面，对用电检查岗位的基本工作和典型工作进行了梳理和分析，对用电检查人员日常业务的工作前准备、工作中作业、工作后处理三个阶段以及应急处置、服务礼仪进行了规范和演示。

本书编写组成员均为优秀的一线骨干，具有丰富的用电检查工作经验。在本书编写过程中还得到多位领导、专家的大力支持，在此谨向参与本书编写、研讨、审稿、业务指导的各位领导、专家和有关单位致以诚挚的感谢！

由于编者水平有限，疏漏之处在所难免，恳请各位领导、专家和读者提出宝贵意见。

本书编写组

2016年6月

目 录

Part 3 检查结果处理篇 >>

Part 4 应急处置篇 >>

Part 5　隐患缺陷典型示例篇 >>

Part 1

服务规范篇 >>

服务规范篇以用电检查人员日常工作服务礼仪规范为主要内容，旨在提高用电检查人员的服务质量，规范用电检查人员的服务行为。

本篇分为服务基本准则“三要”和“三不要”、服务礼貌用语十条、仪容仪表规范、典型场景礼仪示例四个部分，根据用电检查人员实际工作需求，对电话接打、停电告知、车辆行驶与停放、进入厂区、客户告知与签字、握手等日常工作中的服务行为进行规范与说明，为用电检查人员日常工作服务规范提供了参考。

 服务基本准则“三要”和“三不要”

工作内容

◎ 服务客户要主动

◎ 现场检查要安全

◎ 解决问题要专业

◎ 不要利用工作之便谋取不当利益

◎ 不要泄露客户的商业秘密

◎ 不要损坏企业形象

二 服务礼貌用语十条

注意要点

√ 使用文明礼貌用语，语音清晰，语速平和，语意明确，提倡讲普通话，尽量少用生僻的电力专业术语。

常用文明用语

√ 您好

√ 请/请问

√ X先生/女士

√ 请稍等/稍候

√ 麻烦您

√ 谢谢/谢谢您

√ 见到您很高兴

√ 好的

√ 再会/再见

√ 很高兴为您服务

三 仪容仪表规范

（一）着装规范

携带用电检查证，按国家电网公司要求统一着装、戴安全帽等。

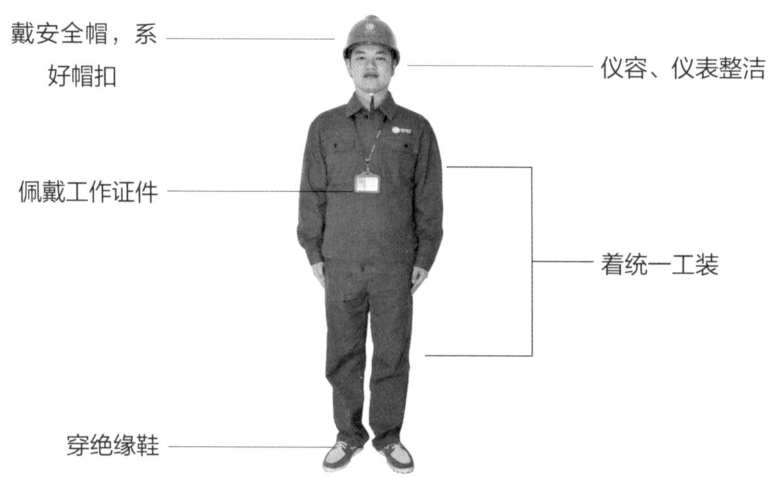

（二）仪容规范

注意要点

√ 头发需勤洗，无头皮屑，不染发，不留光头，不留长发。

√ 面部保持清洁，忌留胡须。

√ 耳廓、耳根后及耳孔边应每日清洗，不可留有皮屑及污垢。

√ 保持口腔清洁，无异味，工作时间及作业前不得饮用酒或含有酒精的饮料。

√ 保持手部清洁，指甲不得长于1毫米。

（三）精神状态

注意要点

√ 精神饱满。

√ 状态良好。

√ 举止文明。

√ 作业期间不饮酒。

√ 无不良情绪。

四 典型场景礼仪示例

（一）电话呼叫

致电客户，使用规范的文明服务用语，先表明身份，讲明通话目的和内容，提醒客户需要准备和配合的事项，通话结束做好通话记录。

注意要点

√ 使用文明礼貌用语。

√ 提倡讲普通话。

√ 语气柔和，态度温婉。

√ 语速适中，语意明确。

√ 尽量在客户工作时间内联系。

（二）电话接听

注意要点

√ 电话铃响三声内接听。

√ 使用文明礼貌用语，提倡讲普通话。

√ 语速适中，语意明确，语气柔和。

√ 明确客户需求，重点内容重复确认。

√ 客户挂机后再挂断电话。

√ 做好通话记录。

（三）进入厂区

注意要点

√ 车辆到达客户单位或小区门卫处，向门卫告知来意，主动出示工作证件，经对方同意方可进入。

√ 如客户要求登记，应积极配合，并遵从客户厂区出入规定。

（四）车辆停放

注意要点

√ 进入客户单位或居民小区内不得鸣喇叭，按照客户要求规范停车。

√ 临时停车不要阻挡交通，注意安全。

（五）进入作业区域

注意要点

√ 主动沟通，告知工作内容。

√ 遵守客户安全规章制度和保密规定。

√ 不得擅自进入非用电检查区域。

√ 不得替代客户进行电工作业。

（六）与客户交谈

注意要点

√ 与客户交谈时要使用礼貌用语，不得随意打断客户讲话。

√ 坐姿自然得体，不得有躺、卧等不当行为。

√ 与客户交流时，神情专注、正视对方，保持自然微笑。

（七）递接物品

注意要点

√ 递送单据时应文字正面朝向客户，双手递送，同时礼貌提示客户接单。

√ 资料整洁无褶皱。

√ 承接客户递单时，正对客户，面带微笑，目视对方，双手接过。

（八）请客户签字

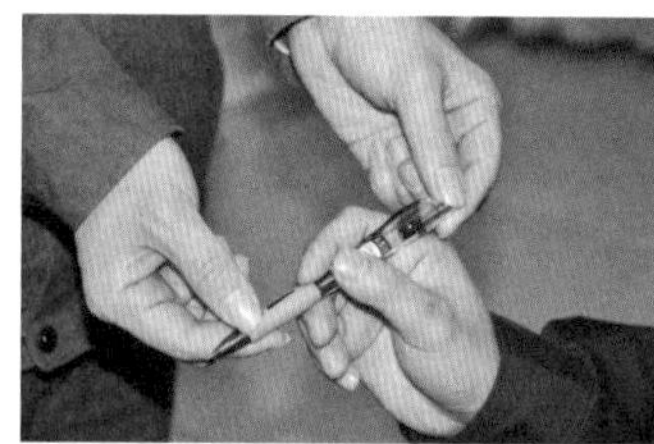

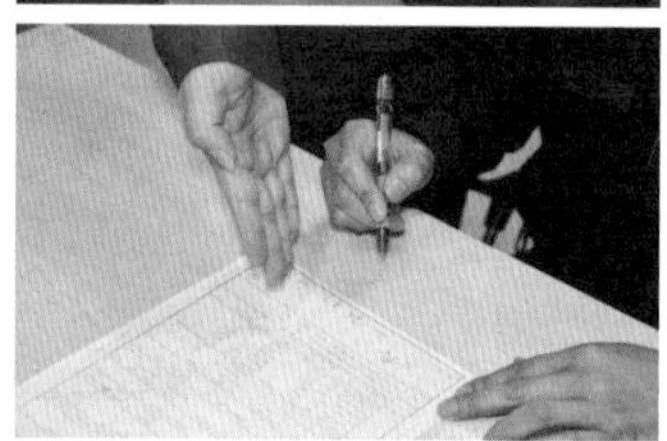

注意要点

√ 递笔时，笔尖不得朝向客户。

√ 五指并拢、拇指略弯指向签字处。

（九）告别客户

注意要点

√ 握手时面带微笑，态度诚恳。

√ 适度紧握客户右手。

√ 不得戴手套与客户握手。

（十）办理出厂手续

注意要点

√ 交还登记单，取回暂押证件。

√ 礼貌告别，有序离开。

Part 2 周期性检查篇 »

周期性检查篇主要针对用电检查岗位人员日常周期性检查工作中作业内容多、设备复杂、作业经验要求丰富的特点，通过图片配合参数要求，将周期性检查过程中的内容及要点、难点进行了说明，为用电检查人员日常检查工作提供了参考。

本篇内容按照流程分为检查前准备、现场检查关键点、检查结果录入三大部分，其中检查前准备主要涉及计划制订及工作分配、工作单准备等；现场检查关键点则主要以客户信息核实、设备运行管理检查、安全运行管理检查为主要内容；检查结果处理部分包括信息录入及现场处理的关键点。

 检查前准备

（一）计划生成

1. 年计划制订

年末应制订下一年的年度周期检查计划。用电检查班长登录营销系统，依次点击“用电检查管理”、“周期检查服务管理”、“周期检查年计划管理”。

添加用户 删除 ⇨ 台区： 检查人员： 合同容量止： 行业类别： 高危客户类别： 客户重要性等级： 是否包含下级单位 高危重要客户 查询

- 点击“添加客户”
- 根据职责范围选择单位和客户类型等条件，点击“查询”

⇨ 客户列表 服务区域 用户编号 浙江宁波电业局客服中心 541200441 浙江宁波电业局客服中心 500300017 ⇨ 保存 保存全部 返回 ⇨ 年计划制订 申请编号：130225842628 *计划描述：35kV及以上大用户

- 选择客户
- 点击“保存”
- 输入客户类型

⇨ 保存 ⇨ 添加用户 删除 删除全部 发送

- 点击“保存”
- 确认无误后点击“发送”，等待计划审批

2. 月计划制订

月末应制订下月周期检查计划。用电检查班长登录营销系统，依次点击“用电检查管理”、“周期检查服务管理”、“月计划制订”。

*计划年度：	2013	*检查月份：	201302	*服务区域：	宁波电业局
用户编号：		计划编号：		计划类型：	
线路：		台区：		行业类别：	
电压等级：		重要性等级：		计划检查日期：	
合同容量起：		合同容量止：		检查人员：	
用户分类：		抄表段：		计量方式：	

●输入相应条件查询或直接点击“查询”

检查计划

计划编号	计划类型
2761407515	周期检查
2761407515	周期检查
2761407515	周期检查

●选择客户

调整日期：

●输入日期

发送 发送全部 添加 删除

●点击“发送”或“发送全部”

检查计划 新装、销户用户检查月计划调整

查询条件

*服务区域： 宁波电业局

用户编号：

重要性等级：

●点击“月计划调整”，输入条件查询

客户列表

用户编号
5003000227
5002136466
5002136419

●选择客户

新增

●点击“新增”，等待计划审批

3. 专项检查（营业普查）计划制订

专项检查（营业普查）前应制订检查计划。用电检查班长登录营销系统，依次点击“用电检查管理”、“专项检查管理”。

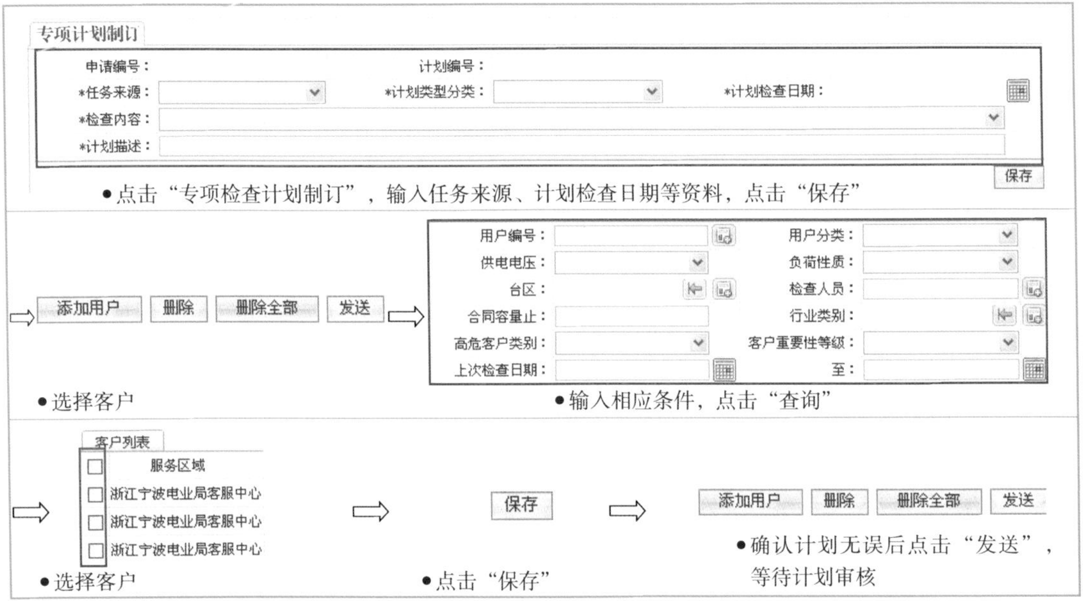

专项计划制订

申请编号：　计划编号：

*任务来源：　*计划类型分类：　*计划检查日期：

*检查内容：

*计划描述：

保存

●点击“专项检查计划制订”，输入任务来源、计划检查日期等资料，点击“保存”

添加用户　删除　删除全部　发送

●选择客户

用户编号：　用户分类：

供电电压：　负荷性质：

台区：　检查人员：

合同容量止：　行业类别：

高危客户类别：　客户重要性等级：

上次检查日期：　至：

●输入相应条件，点击“查询”

客户列表

	服务区域
☐	浙江宁波电业局客服中心
☐	浙江宁波电业局客服中心
☐	浙江宁波电业局客服中心

●选择客户

保存

●点击“保存”

添加用户　删除　删除全部　发送

●确认计划无误后点击“发送”，等待计划审核

（二）任务分配

依次点击“用电检查管理”、“周期检查服务管理”、“任务分配”。

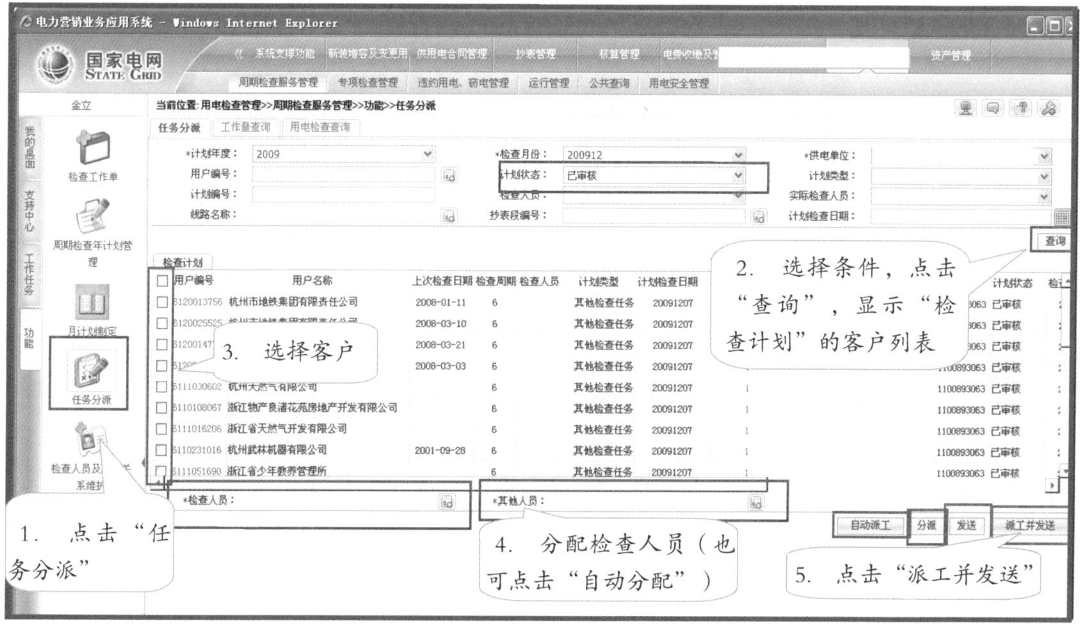

（三）工作单准备

● 选择客户

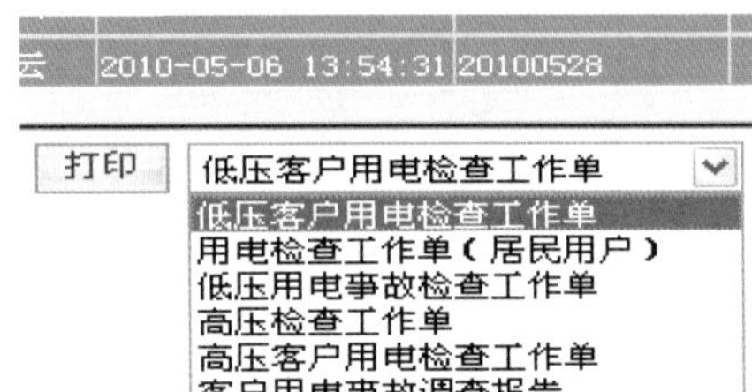

● 选择单据并打印

● 携带

● 携带

● 打印

（四）系统信息查询

1. 电价执行、计量方案

查询客户基本信息，了解行业分类、电价、计量方案（表计倍率、互感器变比）等，记录定比（定量）等情况。

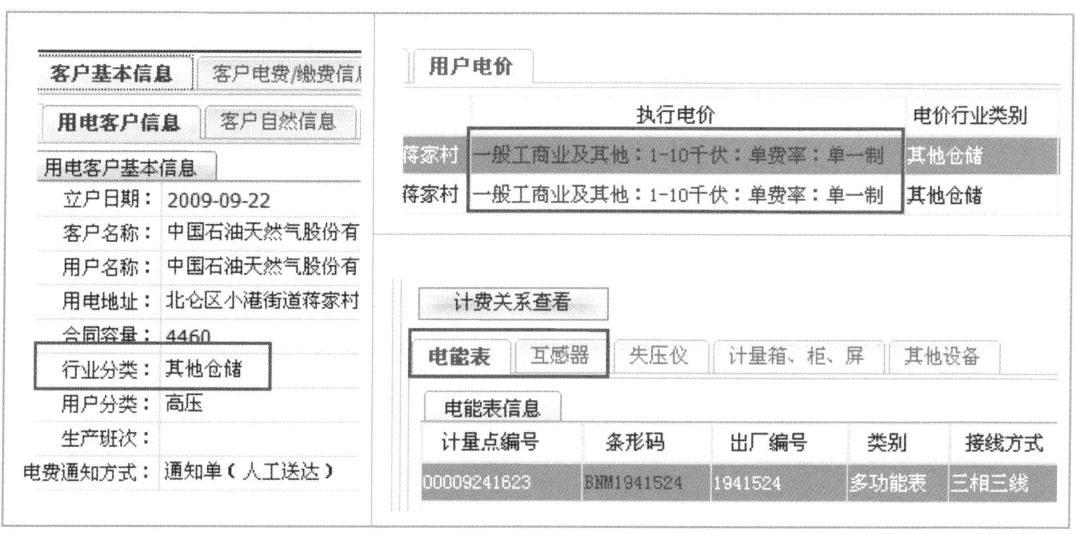

2. 用电情况、缴费记录

判断客户历史用电量是否正常，如有异常应结合采集系统进行对比分析；了解分时电量占比、月平均功率因数，初步拟订优化用电方案；判断客户的缴费信用；记录异常情况，以备在现场检查中核查原因。

客户基本信息 | **客户电费/缴费信息** | 客户服务办理

用户信息 | 用户详细信息 | 托收协议信息

收费关联号：

服务区域：××供电所

抄表段编号：334050120040046

预收余额：15942.17

冻结金额：0.00

电费收费情况 | **历月收费明细** | 业务费收费情况

*起始年月：201201

收费信息

收费日期	应收年月	收款单位
2013-02-21 08:55:18	201302	宁波电业局
2013-02-21 08:55:18	201302	宁波电业局

负荷信息 | 客户评价信息 | 客户能效项目实施信息

用户名称：中国石油天然气股份有限公司东

用电地址：北仑区××街道蒋家村

抄表员：吴××

核算员：李×

调尾余额：0.00

催费信息 | 分次划拨信息 | **抄表电量信息** | 退补处

实际抄表日期	示数类型	上次示数	本次示数
2012-08-04	有功(总)	3.44	3.44
2012-08-10	无功反向(总)	0	0
2012-08-10	无功(总)	1.01	1.01
2012-08-10	有功(总)	3.44	3.44

（五）档案查阅

关键点

√ 《供用电合同》：

（1）检查合同有效期，核查受电容量、备用容量、应急容量及电源数量是否与营销系统一致；

（2）了解客户产权分界点。

√ 一次主接线图及保护配置：了解保护配置情况和一次系统设备参数情况。

√ 历史检查记录：

（1）了解客户历史缺陷及整改记录；

（2）了解客户电工持证情况。

√ 预防性试验报告：检查客户受电装置及安全工器具预防性试验是否超周期。

√ 《不并网自备电源安全使用协议书》：

（1）审查协议书有效性；

（2）了解客户不并网自备发电机的配置情况及与受电装置的连接方式、防误闭锁情况。

√ 重要客户资料：

（1）检查重要客户等级申报表；

（2）检查客户应急预案是否符合其生产特性；

（3）了解客户“非电保安措施”。

二 现场检查关键点

（一）客户信息核实

关键点

√ 核对客户基本信息：记录客户联系人、联系电话等基本信息变化情况。

√ 了解客户用电情况：

（1）观察并了解客户生产现状，评估客户电费风险并记录；

（2）了解客户的主要用电设备、用电特性、特殊设备对供电的要求（是否有谐波源）；

（3）了解客户是否有新的用电需求。

√ 了解重要负荷情况：供电方式是否满足可靠性要求。

（二）设备运行管理检查

1. 一次系统模拟图

关键点

√ 由于电气一次设备普遍密封在柜体内不可见，一次模拟图直观地显示了现场一次设备连接情况及运行状态，因此检查一次系统模拟图状态是否与实际一致，可以有效地避免作业人员误碰、误操作事故的发生。

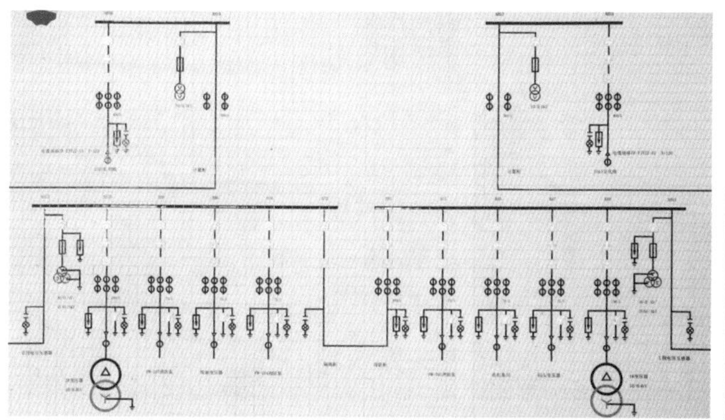

2. 变（配）电室安全防护措施

关键点

√ 变（配）电室门、可开启窗户应具备防小动物措施。

√ 电缆沟盖板应齐全，进出口、电缆穿孔及排管间隙应封堵。

√ 变（配）电室应无漏水痕迹。

√ 照明设施完好，并应具备应急照明。

√ 变压器室、配电室、开关室等通风措施应完好。

√ 变（配）电室门应向外开启，并设置警示标识。

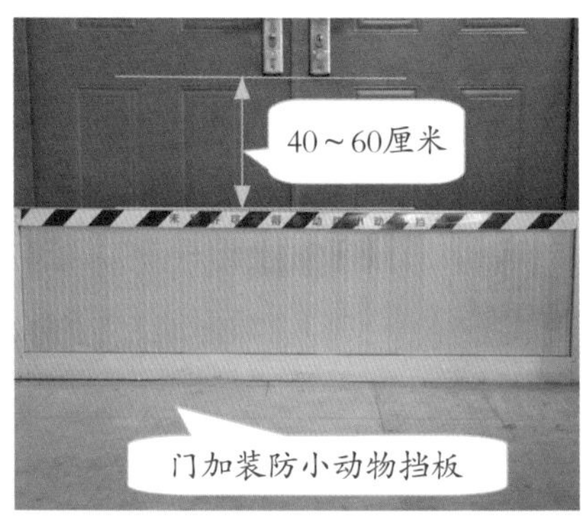

关键点

√ 处于地下室或地势较低处的变（配）电室应具备良好的防水排水系统。

√ 灭火器配置合理，性能正常，检查记录齐全。

√ SF_6 开关室应有气体强排措施，强排开关应置于室外。

√ 变（配）电室无杂物、无积灰，通道畅通。

3. 供电电源

关键点

√ 供电电源进线应有线路双重命名标识，并与实际相符。

√ 多电源间联锁装置应可靠有效。

√ 应急自备电源容量应满足保安负荷要求，切换时间要满足保安负荷允许中断供电时间的要求。

4. 计量装置

关键点

√ 计量柜应满足防窃电要求，计量柜（箱）侧板、顶等应完全封闭且不能拆除。

√ 计量装置接线正确。

√ 电能表示数无异常，无告警指示，并记录电能表示数。

√ 采集终端信号良好。

√ 通过测量仪表与计量装置对比等方式核对倍率。

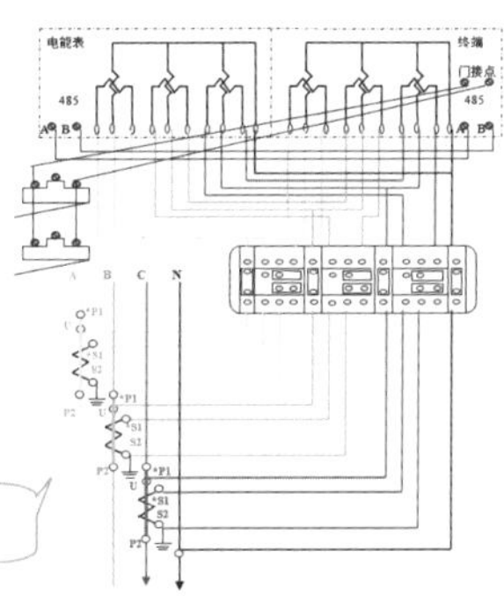

5. 高压开关柜

关键点

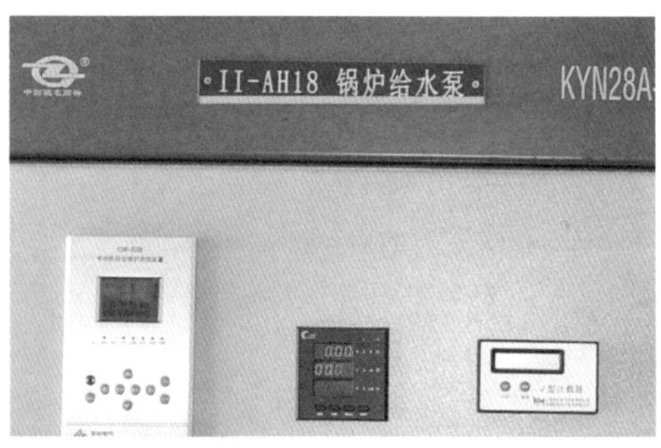

√ 高压开关柜前后均应有双重命名，且与实际相符。

√ 断路器（开关）、隔离开关（刀闸）指示位置应与实际一致，二次压板、指示灯、控制开关等设备均应标识正确。

√ 柜内应无异常声响、异味，如有异常应查明原因。

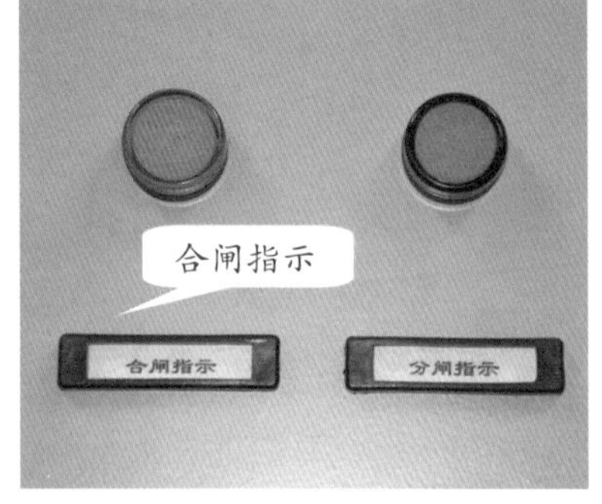

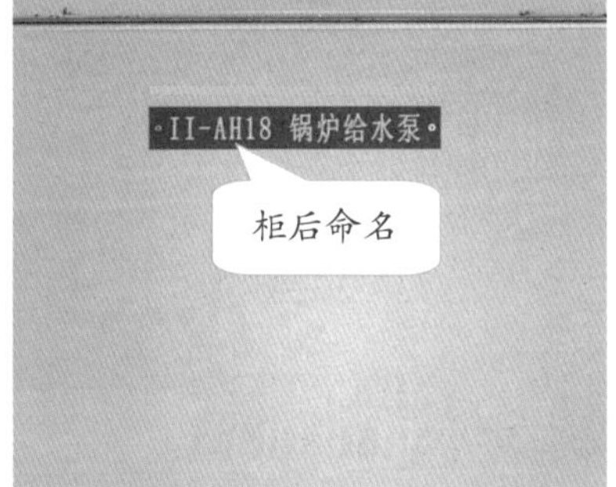

关键点

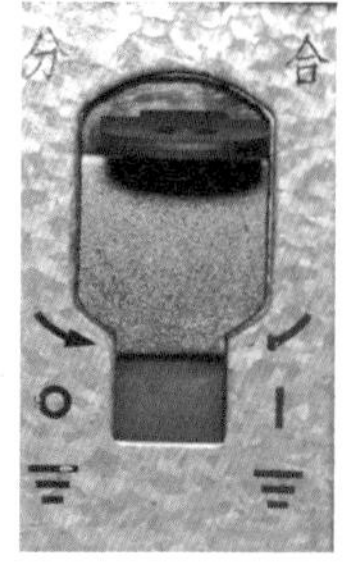

√ 开关柜“五防”装置应可靠有效：防止带负荷拉、合隔离开关，防止误跳、合断路器，防止带电挂接地线，防止带地线合隔离开关，防止误入带电间隔。

√ 柜门均应正常关闭。

√ 柜内电气连接处应无明显发热现象。

√ SF_6开关压力指示应在正常范围内。

关键点

√ 柜内照明正常。

√ 柜外壳应可靠接地。

√ 防误闭锁钥匙应集中定置保管，数量应正确。

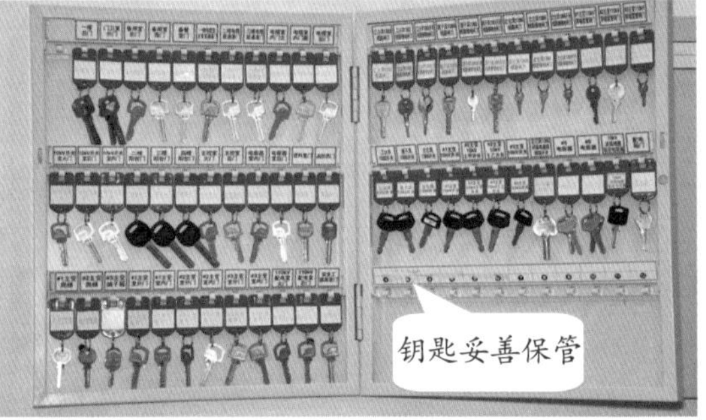

6. 继电保护和自动装置

关键点

√ 保护装置屏幕显示应正常，无告警信息、异常动作记录。

√ 备自投、重合闸充电（储能）情况等显示正常。

√ 保护装置参数应设置正确，整定值与整定单一致。

√ 后台机运行正常，无重要报警信息。

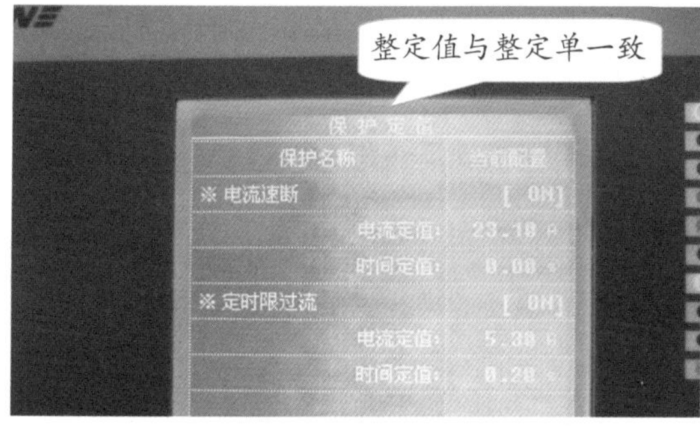

7. 直流控制屏

关键点

√ 直流装置控制仪显示正常，无报警信息。

√ 充电电压和直流母线电压在正常范围内。

√ 蓄电池无漏液，电极无腐蚀或氧化。

√ 蓄电池充放电记录齐全。

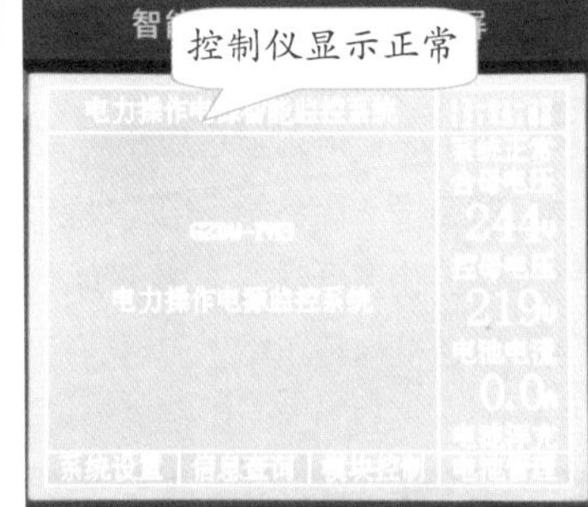

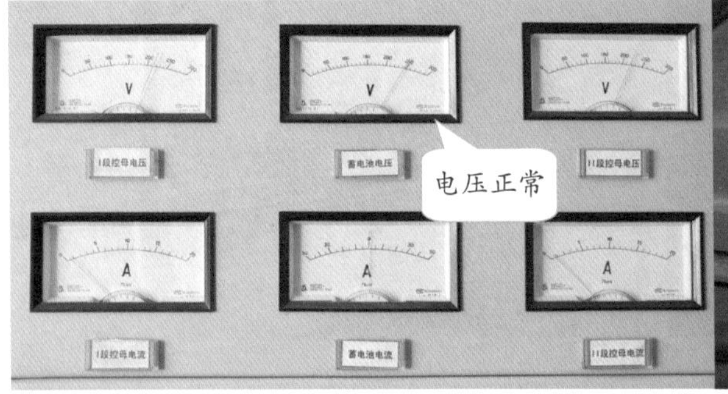

8. 变压器

关键点

√ 运行中的油浸式变压器应用围栏隔离并悬挂“止步，高压危险”警告牌，围栏高度要达到170厘米，围栏间距不大于10厘米，与变压器安全距离应符合标准。

√ 运行中的变压器油温应正常：油浸式变压器允许油温应按上层油温来检查，油温不得经常超过85摄氏度，最高不得超过95摄氏度，温升不得超过55摄氏度，各部件无渗油、漏油。

√ 油浸式变压器油位应在指示范围内，压力释放器、气体继电器状态应正常。

√ 套管外部应无破损裂纹，无严重油污，无放电痕迹及其他异常现象。

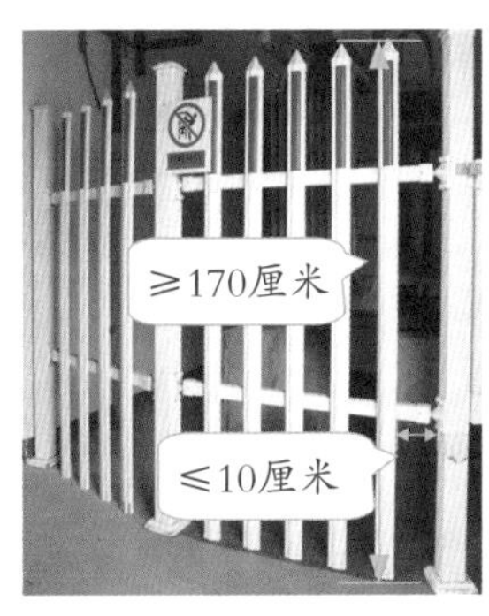

关键点

√ 变压器声音应为正常连续的嗡嗡声。

√ 冷却系统运转应正常。

√ 引线接头、电缆应无发热迹象。

√ 呼吸器内硅胶状态、颜色正常。

√ 有载分接开关的分接位置及电源指示应正常。

√ 变压器中性点及外壳应可靠接地。

关键点

√ 干式变压器门应紧闭上锁，外形完整，整体无破损。

√ 干式变压器风机、温控仪运行应正常。

√ 干式变压器应规范命名。

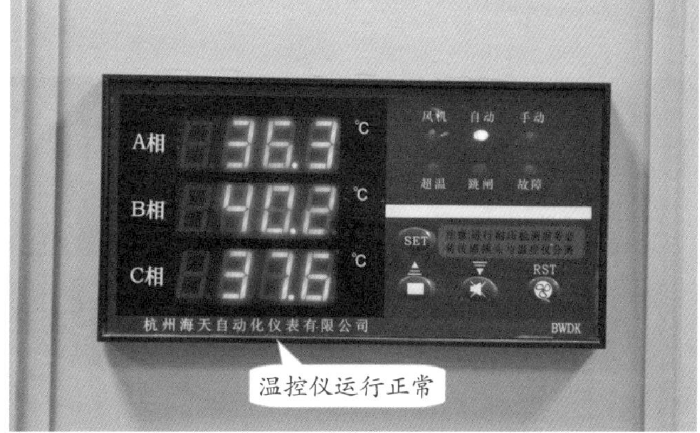

9. 低压配电柜

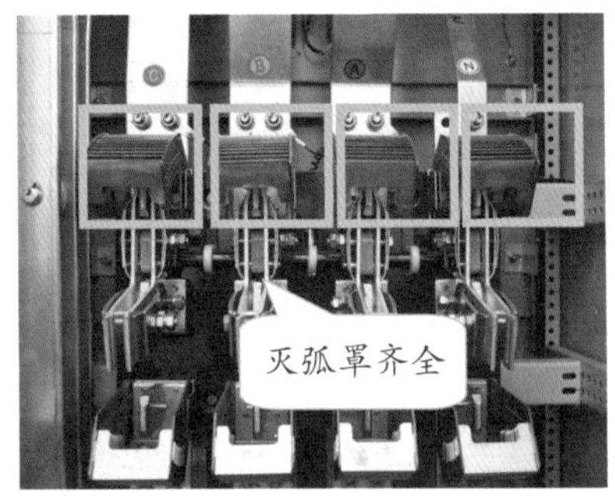

关键点

√ 柜前、柜后均应有双重命名，且与实际相符。

√ 断路器（开关）、隔离开关（刀闸）指示位置应与实际一致。

√ 隔离开关灭弧罩齐全，动静触头咬合到位。

√ 各电气连接处无明显发热痕迹。

√ 电压表、电流表、功率表等仪表功能应正常。

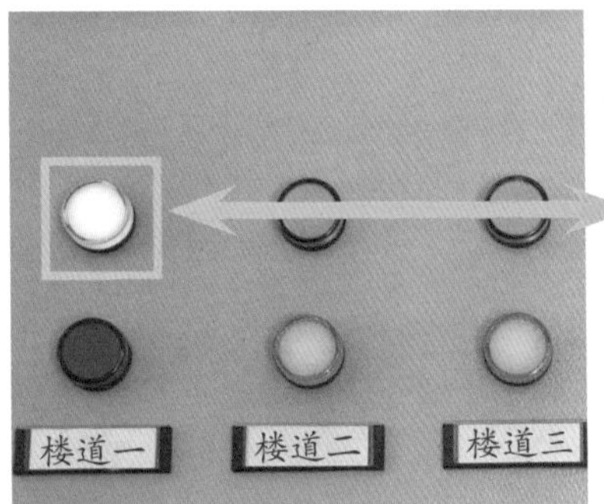

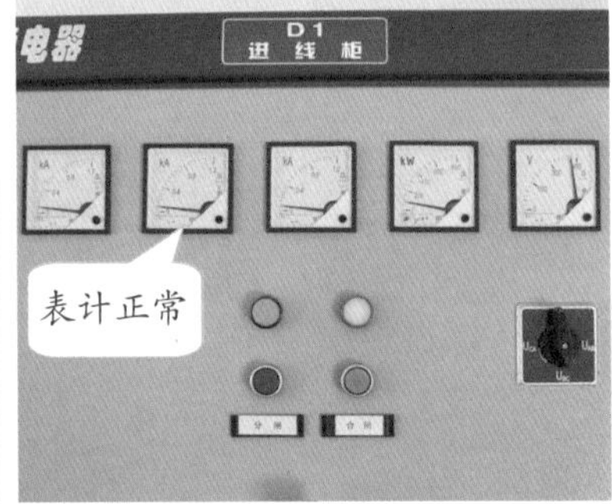

关键点

√ 出线电缆均应有开关保护，开关命名标示应规范。

√ 低压电缆应从电缆沟槽引出，穿孔间隙应封堵。

√ 低压配电柜外壳应可靠接地。

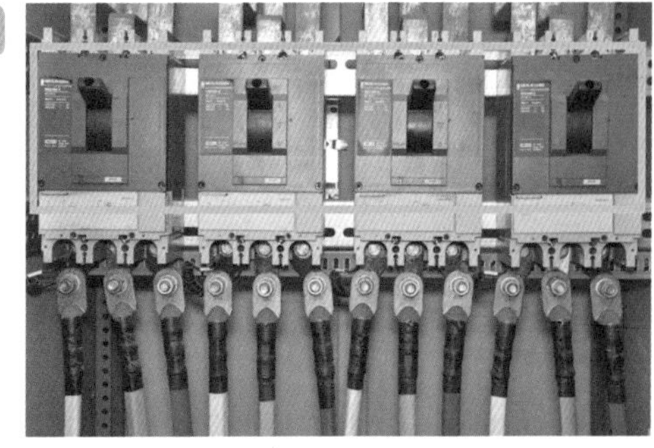

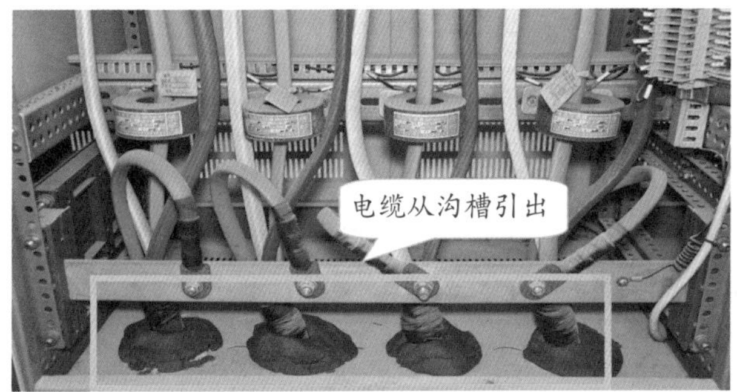

10. 无功补偿装置

关键点

√ 现场功率因数达到要求。

√ 自动无功补偿控制仪运行正常，设置符合要求。

√ 电容器应接地良好，无胀肚现象，外壳应无渗油和严重锈蚀。

√ 各电气连接处无发热现象，接触器正常吸合，熔丝无熔断现象。

√ 电容补偿容量的配置应满足客户的实际需求。

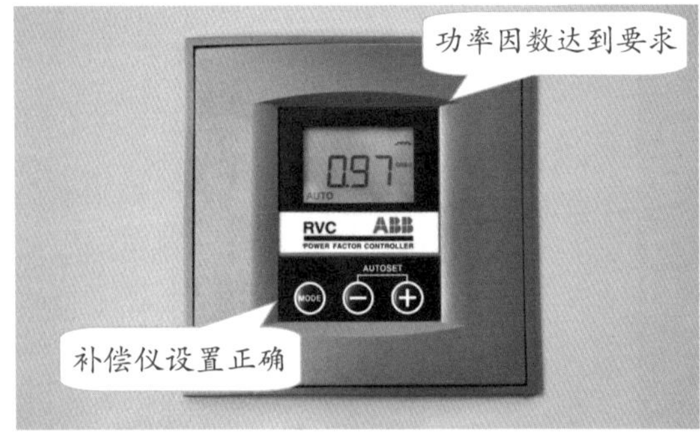

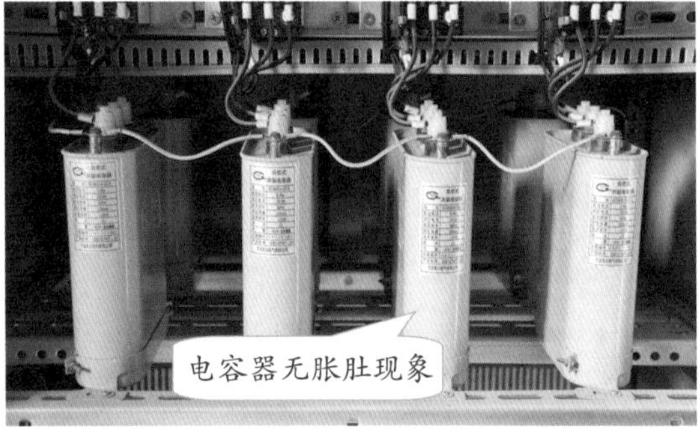

11. 自备电源

关键点

√ 自备电源的投切装置应具备可靠的防倒送电功能。

√ 发电机外壳和中性点应单独可靠接地，接地连接处无锈蚀。

√ 发电机油量应满足应急要求，储备燃油应单独放置，消防措施可靠。

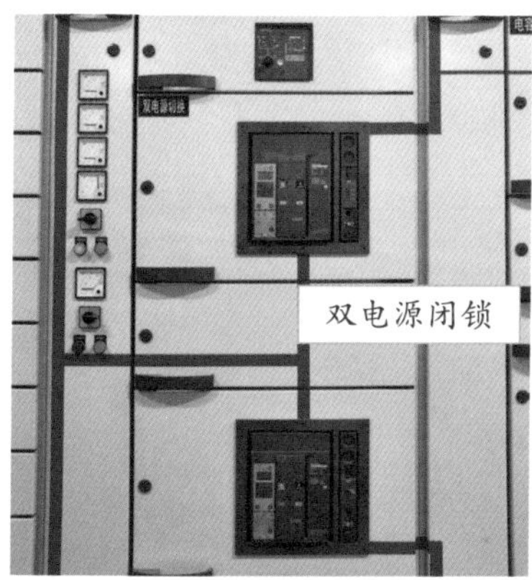

双电源闭锁

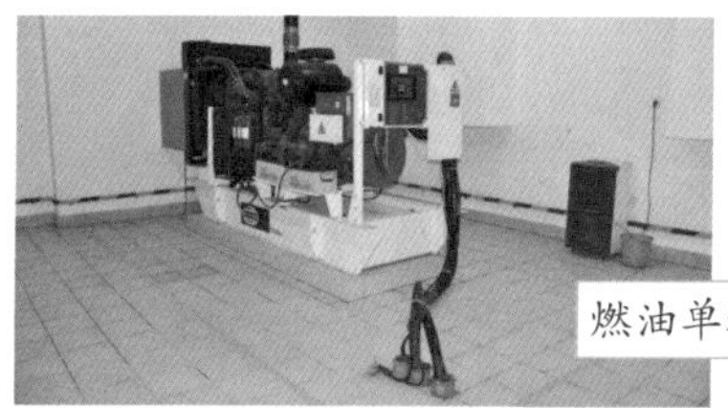

燃油单独放置

接地可靠

关键点

√ 自备发电机无渗漏油现象，蓄电池等自备电源启动装置有效。

√ 自备电源管理制度、开停机记录、蓄电池充放电记录齐全。

√ 应急自备电源容量应满足保安负荷要求，切换时间应满足保安负荷允许中断供电时间的要求。

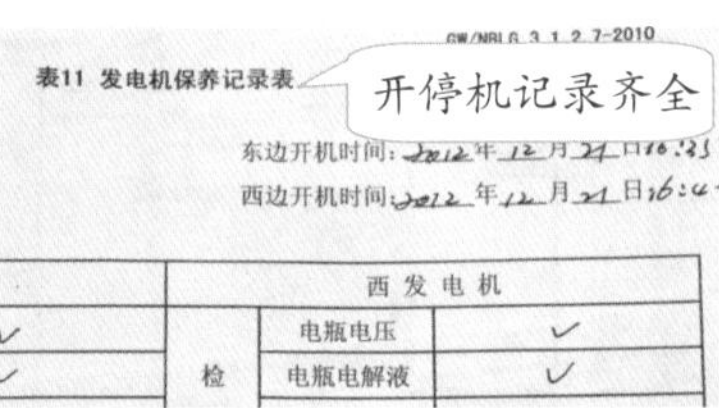

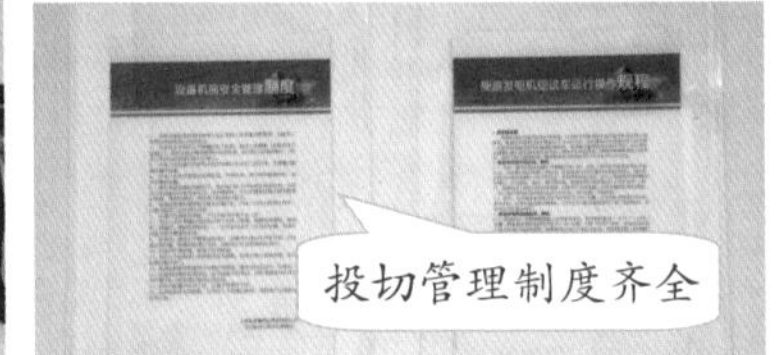

12. 谐波治理装置

关键点

√ 检查记录谐波源设备。

√ 消谐装置应正常。

√ 电能质量应合格。

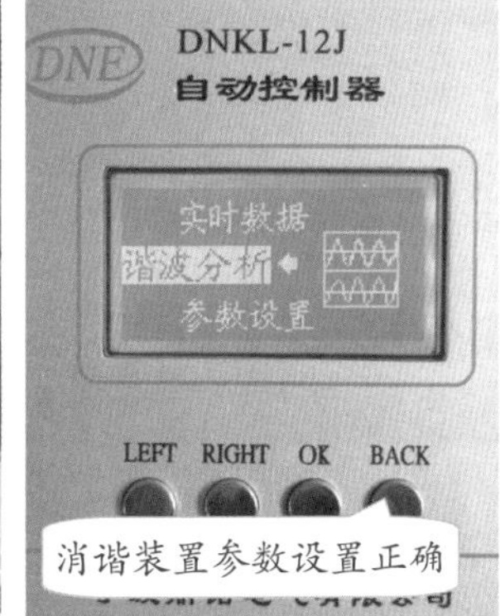

13. 安全工器具

关键点

√ 接地线、验电笔、标示牌、安全帽、绝缘手套、绝缘靴等安全工器具齐全，按编号对应放置。

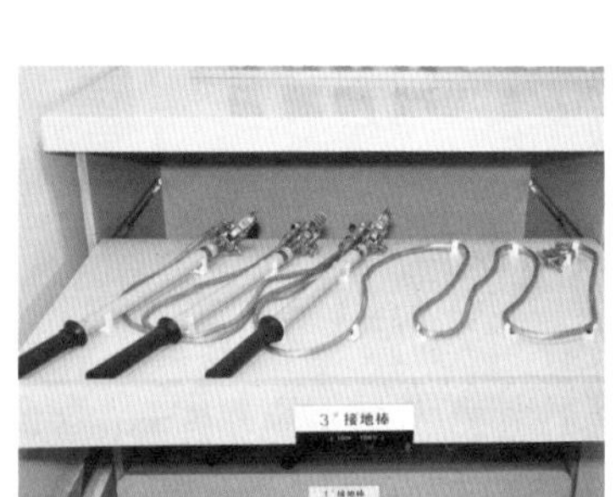

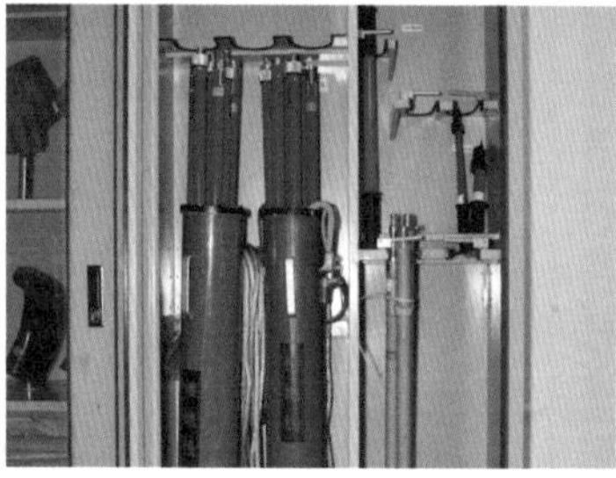

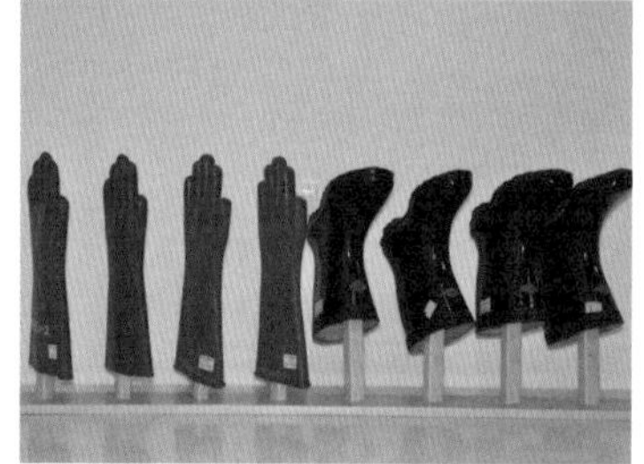

关键点

√ 安全工器具无破损，试验在有效期内。

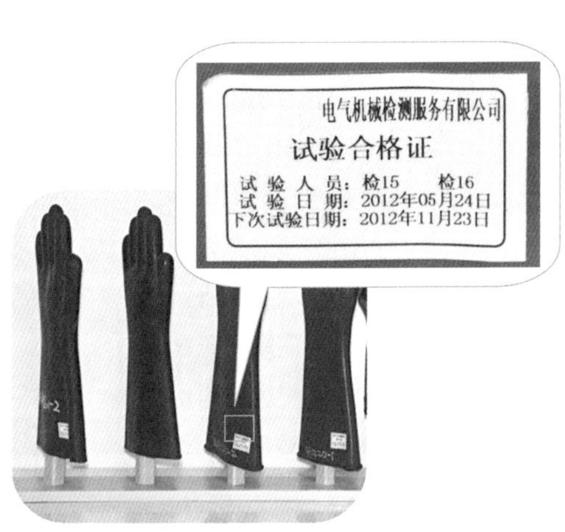

14. 现场检查要诀

一次系统模拟图

√ 模拟图板不可缺；
√ 运行方式应正确；
√ 元件状态符实际；
√ 图板更新须及时。

继电保护和自动装置

√ 保护配置合实际；
√ 采集数据应准确；
√ 运行显示皆正常；
√ 整定正确无告警。

直流控制屏

√ 充电回路须可靠；
√ 输出电压达要求；
√ 电池无漏无腐蚀；
√ 充放试验不得忘。

高压开关柜

√ 柜体命名要规范；
√ 柜门不可常开启；
√ 状态指示应准确；
√ 防误闭锁须有效；
√ 柜内照明要正常；
√ 柜体接地要牢固；
√ 室内设备无异响；
√ 设备连接不发热。

安全防护设施

√ 防小动物措施全；
√ 盖板齐备无缺口；
√ 排水良好无渗漏；
√ 照明常备能应急；
√ 消防器材均完好；
√ 气体强排有警示。

计量装置

√ 封印完好无破损；
√ 开仓启封均记录；
√ 倍率核对无异常；
√ 接线规范无嫌疑；
√ 屏显正常无告警；
√ 采集终端信号优。

变压器

√ 油变需装隔离栏；
√ 声音均匀嗡嗡嗡；
√ 油温正常无渗漏；
√ 套管无污不放电；
√ 引线桩头不发热；
√ 接地装置要牢靠；
√ 干变防护门常闭；
√ 风机温控运行好。

低压配电柜

√ 开关命名合实际；
√ 状态指示应正确；
√ 仪表显示要准确；
√ 刀闸咬合须到位；
√ 出线接入过开关；
√ 穿孔间隙须封堵；
√ 电气连接应牢固；
√ 外壳接地要可靠。

无功补偿装置

√ 电容容量达需求；
√ 控制参数设正确；
√ 投切良好并可靠；
√ 功率因数须达标；
√ 电容无胀无漏液；
√ 电气连接不发热。

自备应急电源

√ 防倒送电须可靠；
√ 安全协议也齐备；
√ 启停步骤有提示；
√ 定期试车有记录；
√ 接地牢固无腐蚀；
√ 燃油独放防意外。

安全工器具

√ 靴子手套安全帽，防护用品要可靠；
√ 接地线、验电笔，定期试验不可少；
√ 高压垫、低压垫，试验可靠按规放；
√ 工具齐全、编号就位、试验合格。

（三）安全运行管理检查

关键点

√ 客户有否制定反事故措施，应急预案是否符合要求，是否经过演练实践。

√ 检查电工作业人员数量、持证情况，核实证件有效性及从业登记情况。

√ 各项制度是否建立完善，应包括交接班制度、巡回检查制度、巡视路线图、设备缺陷管理制度等。

√ 检查规程是否齐全，应包括电气安全工作规程、现场运行规程、典型操作票、事故处理规程等。

√ 抽查各类台账资料，核对设备台账中各类记录与现场设备是否一致。

√ 工作票、操作票的管理和执行情况：

（1）工作票内容所列安全措施是否正确完备，签发、终结等制度执行是否规范；

（2）操作票的填写与执行是否规范；

（3）两票是否编号统计并归档。

√ 调度协议的执行（专线客户）：

（1）调度协议是否在有效期内，现场设备命名与协议内命名是否一致；

（2）调度通信设备应完好，通信畅通；

（3）检查客户执行调度命令的记录。

三 检查结果录入

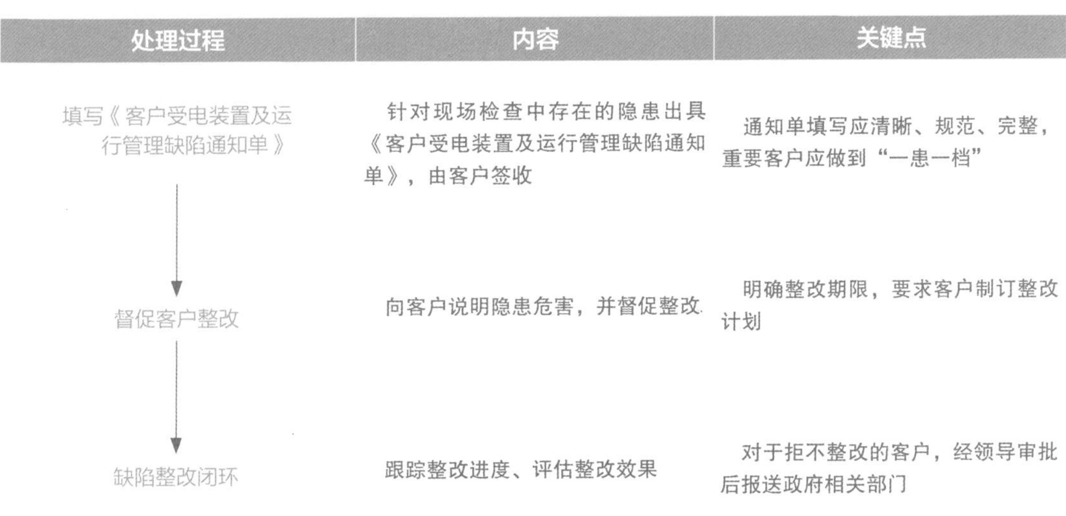

处理过程	内容	关键点
填写《客户受电装置及运行管理缺陷通知单》	针对现场检查中存在的隐患出具《客户受电装置及运行管理缺陷通知单》，由客户签收	通知单填写应清晰、规范、完整，重要客户应做到“一患一档”
↓ 督促客户整改	向客户说明隐患危害，并督促整改	明确整改期限，要求客户制订整改计划
↓ 缺陷整改闭环	跟踪整改进度、评估整改效果	对于拒不整改的客户，经领导审批后报送政府相关部门

依次点击“用电检查管理”、“工作任务”、“现场检查结果处理”。

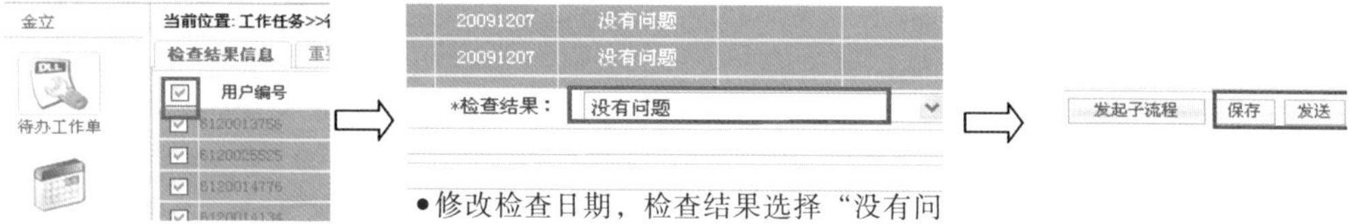

●添加客户

●修改检查日期，检查结果选择“没有问题”（客户没有缺陷）

●点击“保存”、“发送”

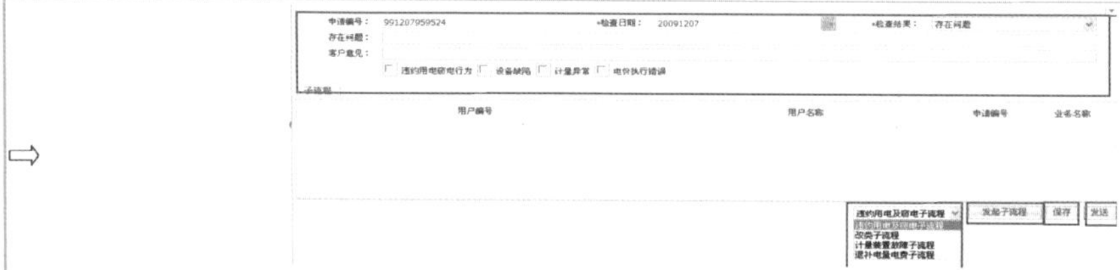

●如客户存在问题，修改检查日期，检查结果选择“存在问题”，描述存在的具体问题，选择相应的“问题”打钩，发起子流程，点击“保存”、“发送”

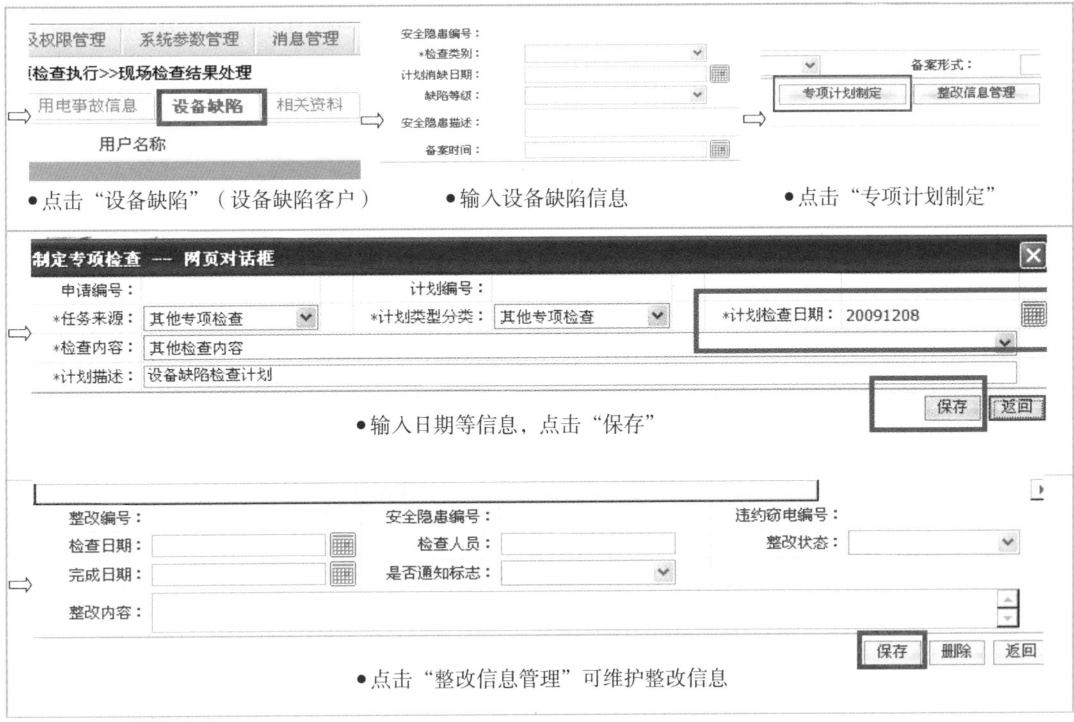

●点击“设备缺陷”（设备缺陷客户）

●输入设备缺陷信息

●点击“专项计划制定”

●输入日期等信息，点击“保存”

●点击“整改信息管理”可维护整改信息

- 当月检查结束，所有信息和资料全部输入后，点击“发送”（“检查结果信息”栏内）

- 客户资料归档存放（“资料归档”栏），输入号码，确认无误后点击“保存”、“发送”，流程结束

Part 3

检查结果处理篇 »

检查结果处理篇将检查人员在周期性检查过程中遇到的常见情况进行了简要介绍，通过分析典型案例，让检查人员清晰了解处理类似情况的方法。

本篇分为设备缺陷和安全隐患处置、窃电及违约用电处理、用电优化建议三个部分。其中设备缺陷和安全隐患处置选取了变压器渗漏油处置案例；窃电及违约用电处理以某企业窃电事件为例，全过程展示了处理要点；最后通过更改计费方式和调整功率因数两个案例，描述实施优化用电。

 设备缺陷和安全隐患处置

（一）概述

缺陷是指运用中的电气设备（含监控、消防、安防设备、“五防”装置）及其相应的辅助设备在运行及备用时，出现影响电网安全运行或设备健康水平的一切异常现象。

缺陷分类	定义	处理时间
紧急缺陷	对人身或设备有严重威胁，随时可能酿成事故，必须立即进行处理的缺陷	紧急缺陷一般应在24h内安排处理
重大缺陷	对设备使用寿命和安全有一定影响或可能发展成为对人身或设备有威胁，虽可允许继续运行一段时间，但应在短期内尽快安排处理的缺陷	重大缺陷宜在1个月内安排处理
一般缺陷	对设备运行或安全威胁不大，尚能继续运行，可结合设备检修、试验进行处理的缺陷	一般缺陷宜在3个月内安排处理

隐患是安全生产事故隐患的简称，是指安全风险程度较高，可能导致事故发生的作业场所、设备及设施的不安全状态、人的不安全行为及安全管理方面的缺陷。

隐患分类	定义	特点
重大事故隐患	可能造成人身死亡事故，重大及以上电网和设备事故，或由于供电原因可能导致重要电力客户严重生产事故，整改难度较大，或需经较长时间、较大投入方能治理的事故隐患	可能造成后果大，整改难度大、时间长，投入多
一般事故隐患	可能造成人身重伤事故，一般电网和设备事故，能够在较短时间内整改消除的事故隐患	后果小，整改容易、时间短

常见缺陷、隐患一览表					
项目		变压器	开关柜	安全防护	管理制度
缺陷	一般缺陷	变压器轻微渗油、呼吸器受潮等	指示灯故障、柜内照明故障、除湿器故障等	—	—
	重大缺陷	油位偏低、油温计故障、严重渗油、桩头三相有温差等	柜门故障、带电显示仪故障、电容失效等	—	—
	紧急缺陷	严重漏油、油位异常、油温异常、桩头严重发热、内部故障、异常声响等	异常声响、SF_6气压低、柜体异常发热、二次接线松动、计量电压断相等	—	—
隐患	一般隐患	围栏缺失、警告牌丢失、变压器灰尘堆积、套管油污等	柜体命名牌丢失、二次柜门未关等	配电房照明不足、杂物堆积、电缆沟盖板缺失、工器具放置不规范等	规章制度不齐等
	重大隐患	接地不良、命名丢失、干式变压器门未关等	开关柜倾斜、接地不良等	灭火器不合格、多电源联锁失效、模拟图示不符、工器具破损过期、小动物封堵不严、配电房通道堵塞等	运行规程、典型操作票错误等

（二）处理过程及关键点

处理过程	内容	关键点
隐患、缺陷发现	检查过程中，对存在的隐患、缺陷进行确认、分析原因	对隐患、缺陷按要求严格分类，明确危害
隐患、缺陷告知	针对现场检查中存在的隐患、缺陷，出具《客户受电装置及运行管理缺陷通知单》	通知单填写应清晰、规范、完整并一次性告知客户，由客户签字确认
客户整改跟踪	将检查结果录入营销业务系统，指导客户进行整改并跟踪整改进度	明确整改期限，要求客户制定整改计划
缺陷整改闭环	发起专项检查计划，评估整改效果	对于拒不整改的客户，经审批后报送政府相关部门

（三）设备缺陷及安全隐患示例

1. 缺陷、隐患发现

某客户配电房配置有400千伏安油浸式变压器一台，用电检查人员在对客户进行周期性检查时发现变压器表面有渗漏油现象。

注意事项

√ 发现客户存在隐患、缺陷时，应仔细查明、核实问题部位及发生的原因。

√ 对隐患、缺陷按要求严格分类，明确危害。

2. 隐患、缺陷告知

注意事项

√ 针对现场发现的问题，开具《客户受电装置及运行管理缺陷通知单》，明确发现的时间、问题内容、存在的危害、整改要求及整改时限。

√《客户受电装置及运行管理缺陷通知单》的填写应清晰、规范、完整，并一次性告知客户，由客户签字确认。

国家电网 STATE GRID 你用电·我用心 Your Power Our Care

客户受电装置及运行管理缺陷通知单

NO:2431171474

浙江××有限公司 客户　　地址 浙江省宁波市××区××路××号

经检查，发现客户受电装置及运行管理中尚存在下列缺陷和问题，不符合有关标准、规程、规定要求。为确保安全供用电，客户应在2014年06月13日前进行整改，整改完毕后将本单送还我单位，以便我们派员复查。确保安全。

缺陷及问题内容

运行中的反应釜AH01变压器存在渗漏油现象。变压器油位过低。易引起潮气进入，导致变压器油中水分增加，造成绝缘水平下降，可能烧毁变压器。建议对变压器做停电检修处理，并补充变压器油至正常位置。

（单位盖章）

用电检查：王××、陈××　　2014 年 05 月 13 日

整改情况说明（此栏由客户填写）

同意整改，按要求制订整改计划进行消缺

客户签章：张××

2014 年 05月 13日

第一联：存根联

浙电营 18

浙江省电力公司

3. 客户整改跟踪

工作内容

√ 将检查结果录入营销业务系统。

√ 对问题进行编号登记，要求客户制订整改计划并限期整改。

√ 指导客户进行整改，必要时提供相关技术支持。

√ 跟踪客户整改进度。

注意事项

√ 在问题未消除前，运行人员应跟踪检查，监视问题是否有发展和恶化的趋势。

√ 重要客户应做到“一患一档”。

检查结果信息录入示例如下所示。

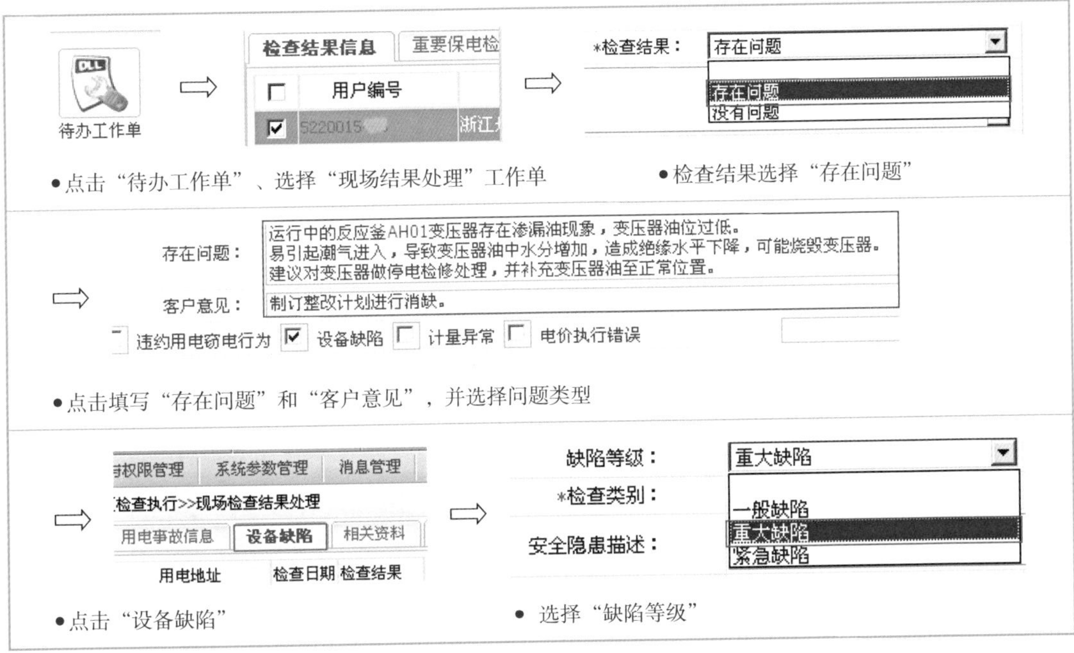

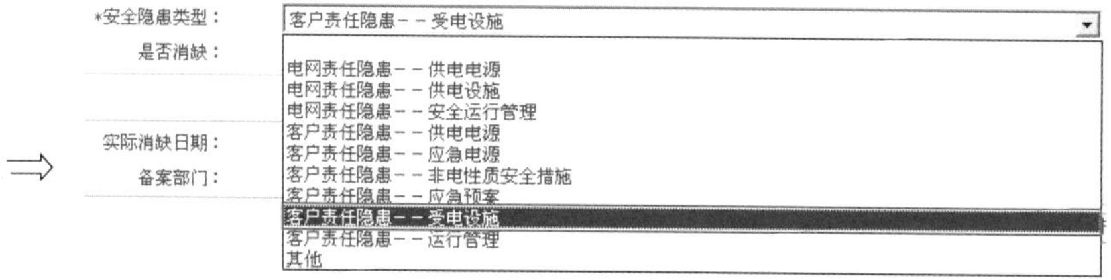

*安全隐患类型：客户责任隐患－－受电设施

是否消缺：

实际消缺日期：

备案部门：

电网责任隐患－－供电电源
电网责任隐患－－供电设施
电网责任隐患－－安全运行管理
客户责任隐患－－供电电源
客户责任隐患－－应急电源
客户责任隐患－－非电性质安全措施
客户责任隐患－－应急预案
客户责任隐患－－受电设施
客户责任隐患－－运行管理
其他

● 选择“安全隐患类型”

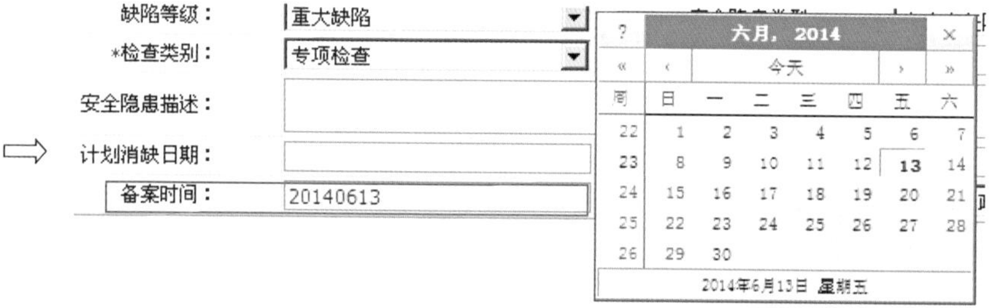

缺陷等级：重大缺陷

*检查类别：专项检查

安全隐患描述：

计划消缺日期：

备案时间：20140613

周	日	一	二	三	四	五	六
22	1	2	3	4	5	6	7
23	8	9	10	11	12	13	14
24	15	16	17	18	19	20	21
25	22	23	24	25	26	27	28
26	29	30					

六月，2014　今天

2014年6月13日 星期五

● 填写“备案时间”

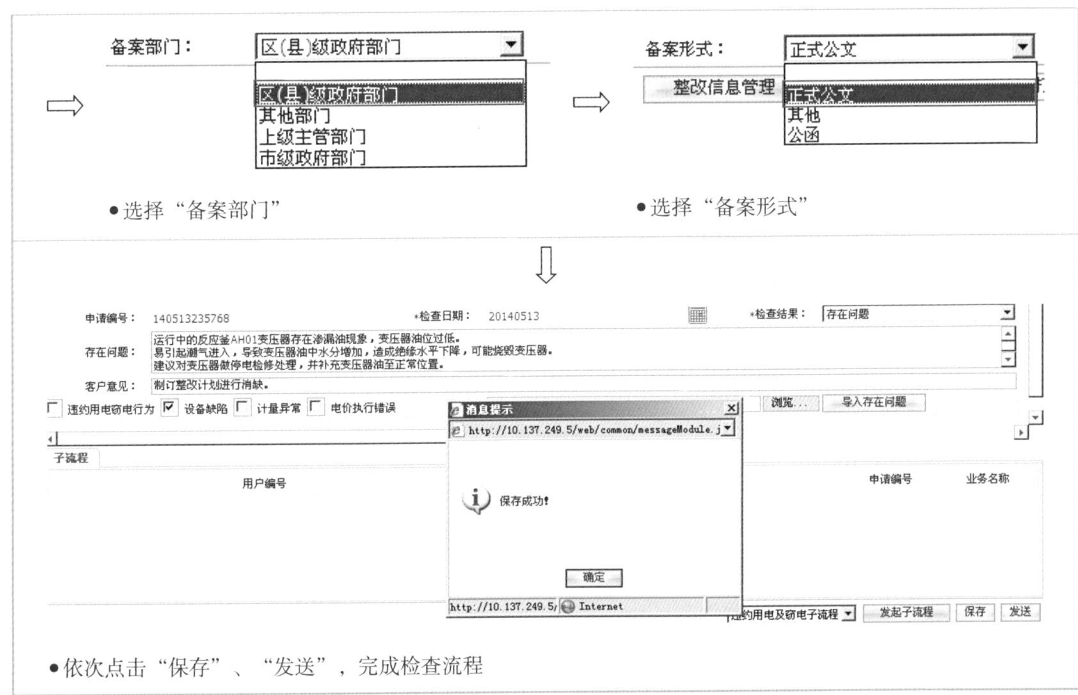

● 选择“备案部门”

● 选择“备案形式”

● 依次点击“保存”、“发送”，完成检查流程

4. 缺陷整改闭环

注意事项

√ 在问题整改完毕后，用电检查人员应发起专项检查流程，并到现场检查整改消缺情况。

√ 对客户拒绝整改或超出整改期限仍未消缺的重大隐患和设备重要缺陷，以正式文件形式报告政府主管部门和当地安监主管部门。

×××××供电公司文件

××××[2014]111号

关于浙江××有限公司安全隐患的报告

××安全生产监督管理局：

浙江××有限公司位于浙江省宁波市××区××路××号，受电变压器1000千伏安二台。2014年5月13日，我单位用电检查中发现该公司其中一台变压器存在重要缺陷，并开具书面整改通知单（具体内容见附件：缺陷通知单、编号：2431171474），目前该公司超出期限未整改消缺，可能危及设备安全并发生停电事故。

特此报告。

附件：客户受电装置及运行管理缺陷通知单

主题词：×× 隐患 报告

××供电公司　　2014年6月15日印发

（1）发起专项检查计划。

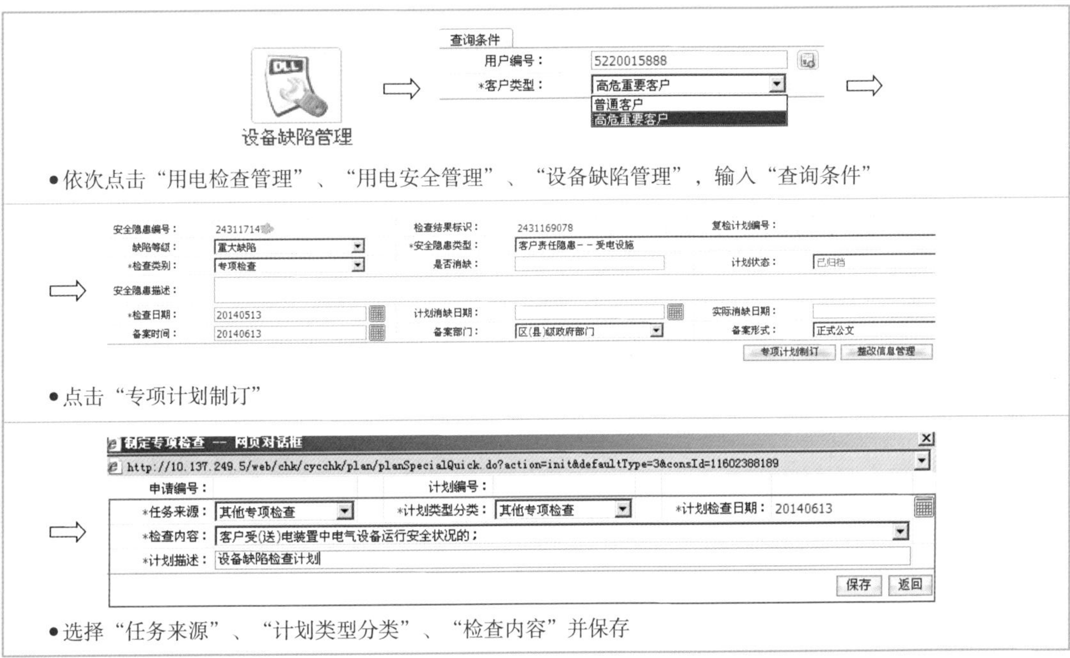

● 依次点击“用电检查管理”、“用电安全管理”、“设备缺陷管理”，输入“查询条件”

● 点击“专项计划制订”

● 选择“任务来源”、“计划类型分类”、“检查内容”并保存

（2）录入整改信息。

安全隐患编号：2431171474　检查结果标识：2431172990　复检计划编号：2431172512
缺陷等级：重大缺陷　*安全隐患类型：客户责任隐患－－受电设施
*检查类别：专项检查　是否消缺：是　计划状态：已归档
安全隐患描述：
计划消缺日期：　实际消缺日期：20140613
备案时间：20140613　备案部门：区（县）级政府部门　备案形式：正式公文
整改信息管理　新增　保存　删除　打印

●点击“整改信息管理”

安全隐患编号	检查结果标识	安全隐患类型	是否消缺	计划消缺日期	整改编号	违约窃电编号	复查日期	检查人员
2431171474	2431169078	客户责任隐患－－受电设施	是		2431173148		20140613	王xx、陈xx

整改编号：2431173148　安全隐患编号：2431171474　违约窃电编号：
*整改内容：运行中的反应釜AH01变压器存在渗漏油现象，变压器油位过低。
复查日期：20140613　检查人员：王xx、陈xx　整改状态：完成
完成日期：2014-06-13　是否通知标志：是
新增　保存　删除　返回

●填写“整改内容”、“复查日期”、“检查人员”、“整改状态”、“完成日期”并“保存”

子流程

用户编号	用户名称	申请编号	业务名称

违约用电及窃电子流程　发起子流程　保存　发送

●依次点击“保存”、“发送”，完成检查流程

二 窃电及违约用电处置

（一）概述

违约用电是指危害供用电安全、扰乱正常供用电秩序的行为。

序号	违约用电分类
1	在电价低的供电线路上，擅自接用电价高的用电设备或私自改变用电类别的
2	私自超过合同约定的容量用电的
3	擅自超过计划分配的用电指标的
4	擅自使用已在供电企业办理暂停手续的电力设备或启用供电企业封存的电力设备的
5	私自迁移、更动和擅自操作供电企业的用电计量装置、电力负荷管理装置、供电设施以及约定由供电企业调度的客户受电设备者
6	未经供电企业同意，擅自引入（供出）电源或将备用电源和其他电源私自并网的

（二）处理过程及关键点

处理过程	内容	关键点
分析准备	对有窃电（违约用电）嫌疑的客户进行分析调查，初步掌握相关信息	通过举报、信息系统或暗访等手段，掌握客户的电量、负荷、生产工艺、厂区环境等基本信息
↓ 行动部署	根据掌握的初步信息制定细致、缜密的行动方案	行动过程注意保密，必要时寻求相关部门协助
↓ 调查取证	到达客户现场进行核查，搜集、掌握窃电（违约用电）的相关证据	采用合法手段进行调查取证，取得完整的证据链
↓ 现场处理	将查处结果告知客户，提出初步处理意见，采取必要措施终止违约行为	现场调查处理结果必须由客户签字确认
↓ 处理方案	根据现场调查、处理情况确定处理方案	系统录入信息应及时、准确，方案需上报审批，《窃电（违约用电）处理通知单》要送达客户并签收
↓ 追补电费	根据处理方案追补电费及违约使用电费	拒绝承担违约责任的应报送电力管理部门依法处理

（三）窃电及违约用电示例

经举报，某公司存在晚上窃电生产的嫌疑，用电检查人员对该客户开展窃电及违约用电检查。

1. 分析准备

工作内容

（1）利用信息系统分析该公司所在线路线损和负荷波形确定10千伏XX线在晚上20点至次日凌晨4点左右有中频炉（谐波）用电负荷曲线特性。

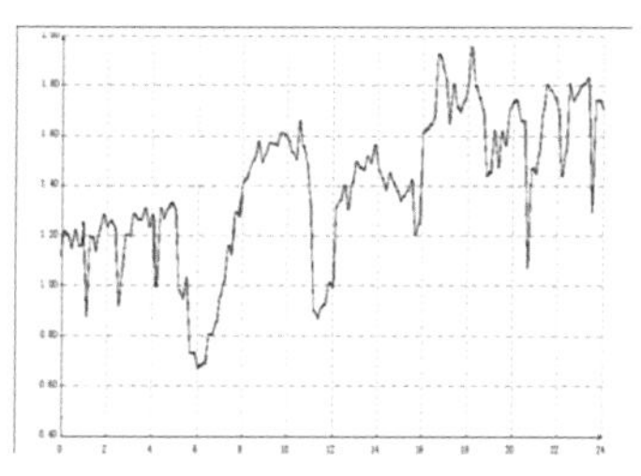

（2）通过抄表和营业普查等常规工作理由进行暗查，发现有使用中频炉生产的情况，且容量明显大于报装变压器容量，存在私接用电可能。该厂位于河边，只有一条水泥路可以进出。

注意事项

√ 检查前应做好信息收集工作:

（1）借助技术手段做好对比分析，掌握初步证据。

（2）对群众的举报应核实。

（3）在周期性用电检查或专项检查中，检查计量柜、封印、表计、接线盒等是否存在异常。

2. 行动部署

工作内容

在确立重点嫌疑对象后，通过以下三个方面的工作部署，确保此次检查行动的顺利开展：

（1）由用电检查人员组成的检查组以定期下厂检查为由进入客户厂区进行全面检查。

（2）由生产运行人员组成的停电组在厂区附近等待检查组的检查结果，发现确有窃电行为的随时配合停电。

（3）在行动前与当地公安部门进行沟通，得到全力支持，在当日加强警力，防止在查处过程中暴力事件的发生。

注意事项

√ 检查前应做好检查行动的部署工作。

（1）制定方案，反应迅速，行动缜密。

（2）检查前应向主管领导请示和批准。

（3）注意行动过程中的保密工作，必要时依托警企合作平台，充实力量，协同检查。

3. 调查取证

工作内容

检查发现，该客户有0.75吨中频炉（一般每台满功率在600～800千瓦）3台，用电容量明显超出报装315千伏安容量的使用范围。遂对中频炉相应的低压配电装置进行仔细排查，发现中频炉低压配电装置有一段铜排从一面墙内穿出，而这面墙的另外一侧是封闭的。后通过对厂房结构进行对应分析，最终发现了客户通过改变厂房结构设立在“房中房”内的变压器室。

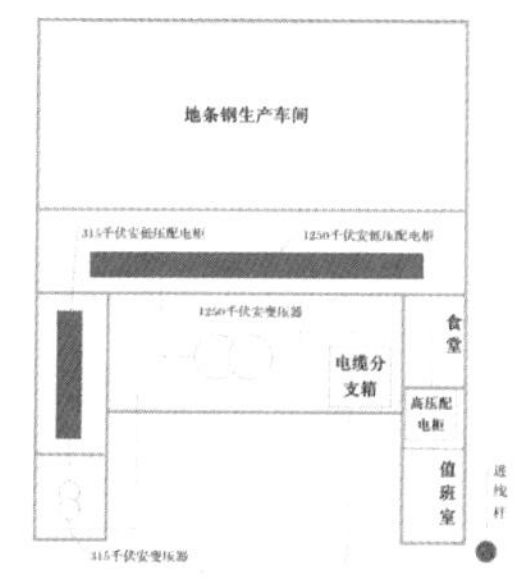

注意事项

√ 用电检查人员不得少于2人。

√ 检查前应向被检查客户出示“用电检查证”。

√ 检查时如无第三方人员在场，必须由客户陪同检查。

√ 发现客户存在窃电（违约用电）情况的，需通过拍照、摄像、现场笔录、画窃电接线示意图、收集客户产量报表等收集证据。

√ 注意现场的保护，妥善提取和固定物证。

√ 收集的证据必须客观并尽可能全面、具体、完整（应形成证据链）。

现场具体情况

（1）私自更换线路保护熔丝。使用专业电气工具（令克棒等），私自将线路跌落熔丝换大。

（2）将原有进线电缆断开，增设高压电缆分支箱。一路至原有配电房，另一路通过一台高压开关柜接至1250千伏安变压器。

（3）私增变压器。将厂区配电房整改，在“房中房”内私设变压器，加装低压配电柜，进行窃电生产。

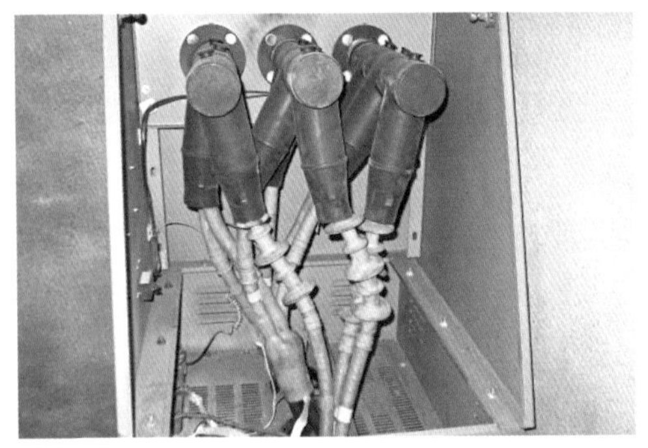

4. 现场处理

工作内容

用电检查人员出具了《窃电（违约用电）现场处理单》，告知客户存在窃电及违约用电行为，通过调查确定该客户窃电时间共计144天，平均每天生产时间8小时，并由客户确认签收。由于窃电金额较大，特向公安机关报案并对该客户现场实施停电。

注意事项

√ 告知客户其存在的窃电（违约用电）行为。

√ 将查处情况上报客户主管领导，拒绝承担窃电（违约用电）责任的，应报送电力管理部门依法处理。

√ 窃电（违约用电）金额较大或者情节严重的可向公安机关报案、提请司法机关依法追究刑事责任。

√ 依据现场实际情况判断是否进行中止供电操作，中止供电操作需慎重，对重要、高危客户以及有行业特殊性的客户停电前应考虑可能引起的法律或民事的赔偿纠纷。

√ 填写《窃电（违约用电）现场处理单》，并由客户签收。

窃电（违约用电）现场处理单

NO:

户名	宁波 xxxx 有限公司	户号	542006 xxxx
地址	浙江省宁波市 xx 市 xx 镇 xx 村		
类型	□√违约用电　□√窃电	电能表编号	000365 xxxx
现场调查情况	1. 私自更换线路保护熔丝。使用专业电气工具（令克棒等），私自将线路跌落熔丝具换大 2. 将原有进线电缆断开增设高压电缆分支箱。一路至原有315千伏安配电房，另一路通过一台高压开关柜接至1250千伏安变压器 3. 私增变压器。将厂区配电房整改，在“房中房”内私设变压器，加装低压配电柜，进行窃电生产		
现场处理意见	1. 客户存在擅超合同约定容量用电的违约用电行为，私增1250千伏安变压器用电 2. 客户存在擅自接线用电的窃电行为 3. 现场中止供电 4. 在客户自行交待的基础上，通过调查确定窃电时间共计144天，平均每天生产时间8小时		
客户签名：张 xx 联系电话：1366666 xxxx 2014年 × 月 × 日		检查人签名：李 xx 电话：23889 xxx 2014年 × 月 × 日	
备注	现场记录情况为窃电（违约用电）处理基本依据，具体以最终调查情况，系统记录及相关法律法规规定为准		

5. 处理方案

（1）现场调查取证。

●打开“用电检查管理”主菜单，点击“违约用电、窃电管理”选择“现场调查取证”；点击“用户编号”，输入客户编号

●若是非用电客户的违约窃电情况（即黑户，在营销系统中不存在该客户），则直接点击“保存”按钮

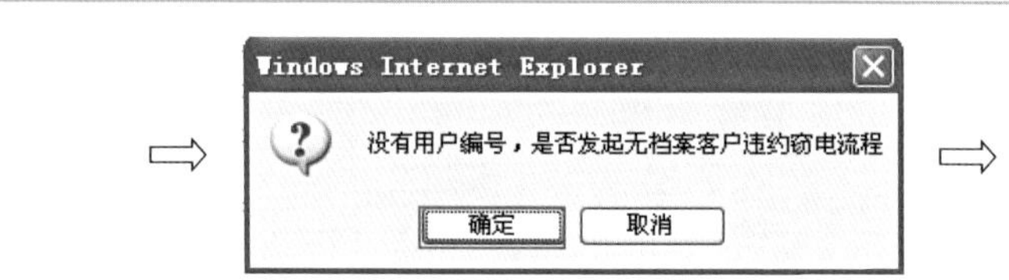

- 在弹出的对话框中点击“确定”，发起无档案客户违约窃电流程，具体流程和有档案客户一致

现场调查取证信息

申请编号：	15010535		*调查人员：		*调查时间：	20150104	
	☑违约用电 ☑窃电						
现场照片：		浏览...	下载		照片名称：	11.JPG	删除
现场录像：		浏览...	下载		视频名称：		删除
*现场情况描述：	现场既有窃电又有违约用电行为，具体为：1.私自更换线路保护熔丝。使用专业电气工具（令克棒等），私自将线路跌落熔丝换大；2.将原有进线电缆断开增设高压电缆分支箱。一路至原有配电房，另一路通过一台高压开关柜接至私增的1250kVA变压器窃电；3.私增变压器。						

保存　发送　打印

- 根据实际情况录入调查取证情况，如有照片、视频可以选择上传
- 确认信息无误后点击“保存”，提示成功后再点击“发送”，流程发送到“窃电处理”环节

（2）违约用电处理。

当前位置: 工作任务>>待办工作单>>违约用电、窃电管理>>窃电处理_1　2015-01-05 15:09:50

窃电处理 | 违约窃电查询

基本信息

申请编号：1501053　户号：542006　客户名称：宁波　有限公司

用电地址：浙江省宁波市慈溪市

窃电处理

	窃电类型
☑	擅自接线用电
☐	绕越计费计量装置用电
☐	伪造表计封印
☐	私自启封表计封印
☐	故意损坏计费计量装置
☐	私自增加用电容量
☐	致使供电企业计费、计量装置不准或失效的其他行为
☐	其他窃电

政策法规：擅自接线用电 在供电企业的供电设施上，擅自接线用电的，所窃电量按私接设备额定容量（千伏安视同千瓦）乘以实际使用时间计算确定。

*发生时间：20150105　立案　停电

处理情况：

发起计量装置故障流程　相关资料　打印　保存　发送

⇩

- 点击后进入待办工作单页面，输入刚刚生成的申请编号，查询出违约用电处理和窃电处理两个工作单后，选中违约用电处理的工作单，点击“处理”按钮后进入违约用电处理页面

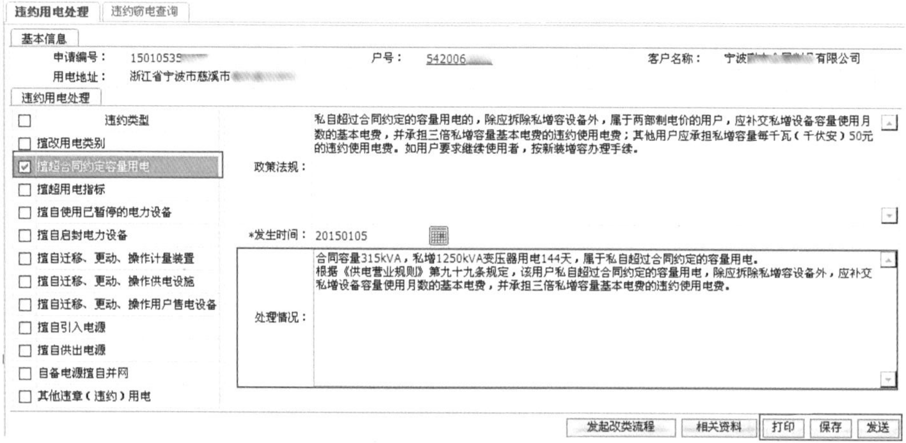

违约用电处理 | 违约窃电查询

基本信息

申请编号：15010535　　户号：542006　　客户名称：宁波……有限公司

用电地址：浙江省宁波市慈溪市

违约用电处理

违约类型		
☐ 擅改用电类别	政策法规：	私自超过合同约定的容量用电的，除应拆除私增容设备外，属于两部制电价的用户，应补交私增设备容量使用月数的基本电费，并承担三倍私增容量基本电费的违约使用电费；其他用户应承担私增容量每千瓦（千伏安）50元的违约使用电费。如用户要求继续使用者，按新装增容办理手续。
☑ 擅超合同约定容量用电		
☐ 擅超用电指标		
☐ 擅自使用已暂停的电力设备		
☐ 擅自启封电力设备	*发生时间：	20150105
☐ 擅自迁移、更动、操作计量装置	处理情况：	合同容量315kVA，私增1250kVA变压器用电144天，属于私自超过合同约定的容量用电。 根据《供电营业规则》第九十九条规定，该用户私自超过合同约定的容量用电，除应拆除私增容设备外，应补交私增设备容量使用月数的基本电费，并承担三倍私增容量基本电费的违约使用电费。
☐ 擅自迁移、更动、操作供电设施		
☐ 擅自迁移、更动、操作用户售电设备		
☐ 擅自引入电源		
☐ 擅自供出电源		
☐ 自备电源擅自并网		
☐ 其他违章（违约）用电		

发起改类流程　相关资料　打印　保存　发送

⇩

- 根据实际情况录入违约用电行为、发生时间和处理情况后点击“保存”，完成违约用电处理
- 点击“发送”按钮，流程提示“本环节所在流程的分支已经结束，请等待其他分支到达后进一步处理”，开始处理“窃电处理”工作单

（3）窃电处理。

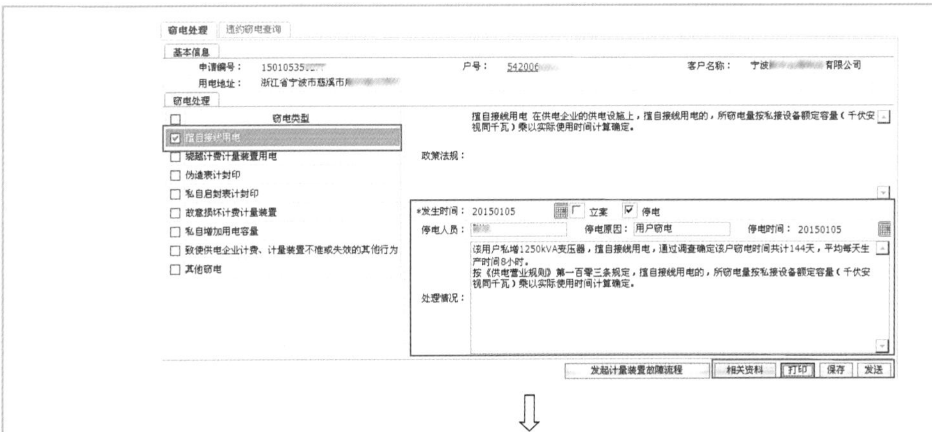

⇩

- 点击后进入待办工作单页面，选中处理的工作单点击“处理”按钮后进入窃电处理页面
- 根据实际情况录入“窃电类型”、“发生时间”、“立案”、“停电”、“处理情况”后点击“保存”，完成窃电信息保存，如果选择了立案，在发送流程后需要立案的流程，如果选择停电，则需要录入“停电人员”、“停电原因”、“停电时间”，这里的停电不需要走停电流程，而是直接停电
- 点击“打印”按钮后可弹出“客户窃电（违约用电）处理通知单”打印页面
- 点击“发送”按钮，流程发送到“确定追补及违约电费”环节

国家电网 STATE GRID 你用电·我用心 Your Power Our Care

窃电（违约用电）处理通知单

95598

客户基本信息			
户　名	宁波xxx股份有限公司	户号	140420552 xxxx
用电地址	宁波县（市、区） xx 乡镇（街道）xx 村（居委会） xx 路（街） xx 小区 xx 门牌号		

现查获你户有下列窃电（违约用电）行为：

擅超合同约定容量用电的违约用电行为及擅自接线用电的窃电行为

根据《供电营业规则》有关条例规定，英追补电量1440000度，应补收电费1195200元，并加收违约电费 3312748.8 元，限在 2 月 5 日前缴付。如逾期不交者，我们还将按《供电营业规则》有关条款办理，责任由贵户自负。

追补电量及违约费计算如下：

1、违约用电：擅超合同约定容量用电。私自超过合同约定的容量用电的，除应拆除私增容设备外，属于两部制电价的用户，应补交私增设备容量使用月数的基本电费，并承担三倍私增容量基本电费的违约使用电费；超合同容量1250kvA用电144天，追补基本电费：1250×144=180000元；违约使用电费：180000x3=540000元；

2、窃电：擅自接线用电。擅自接线用电的，所窃电量按私接设备额定容量(千伏安视同千瓦)乘以实际使用时间计算确定，并承担补交电费3倍的违约使用电费。该用户私增1250kvA变压器，窃电时间共计144天，平均每天生产时间8小时。追补电量：1250x8x144=1440000kWh，追补电费：

1440000x0.705=1015200元，违约使用电费：1440000x0.64184×3=2772748.8元

共计：追补电费：180000+1015200=1195200元

违约电费：540000+2772748.8=3312748.8元

单位盖章：

用电检查人员：李xx

2014 年 × 月 × 日

客户签收：张xx

（单位加盖章）

2014 年 × 月 × 日

备注	电费汇款账号：　开户银行：　账户：
	违约金汇款账号：　交款地点：

浙电营16

（4）确定追补及违约电费。

违约用电退补处理 | 窃电退补处理 | 确定追补电费及违约使用电费 | 违约窃电查询

退补申请信息

用户编号 542006 用户名称 宁波 有限公司 申请编号 15010535

抄表段编号 3340501300 管理单位 宁波杭湾服务区 电源编号 1756569

用电地址 浙江省宁波市慈溪市 结算方式 抄表结算

退补说明：违约用电退补
合同容量315kVA，私增1250kVA变压器用电144天，属于私自超过合同约定的容量用电。
根据《供电营业规则》第九十九条规定，该用户私自超过合同约定的容量用电，除应拆除私增容设备外，应补交私增设备容量使用月数的基本电费，并承担三倍私增容量基本电费的违约使用电费。

*退补差错分类：其他 *差错原因：表计异常 *差错发生日期：20150105

退补处理方案

责任人： *退补处理分类标志：追补电费

*是否合并出账：立即出账

审核备注

打印 调整电费 保存 返回

⇩

- 点击后进入待办工作单页面，选中处理的工作单点击“处理”按钮后进入确定追补及违约电费页面
- 在“退补处理分类标志”中选择“追补电费”，然后点击“保存”，再点击“调整电费”按钮，弹出“追补电费”页面

退补电费明细 -- 网页对话框

退补电价电费

数据来源	电源编号	电价码	目录电价简称	电价版本号	峰谷标志	行业类别	用电类别	执行范围	有功电量	无功电量	合计电费	目录
				0					0	0	0.0	

总电量 0　　总电费 0.0　　电价选择方式 当前档案　新增　删除

退补电度电费　退补代征电费　退补基本电费　退补功率因数电费　阶梯明细信息

时段	抄见电量	有功变损	有功线损	结算电量	目录电价	目录电度电费	电度电价	电度电价电费
					0.0		0.0	

保存　返回

- 在“电价选择方式”中，如果追补的电费是当前该客户制定的电价，则选择“当前档案”；如果是该客户曾经执行过的电价，则可以选择“电费台账”；如果不是上面两种，则可以选择“电价表”；选择后点击“新增”按钮，系统会将电价显示出来

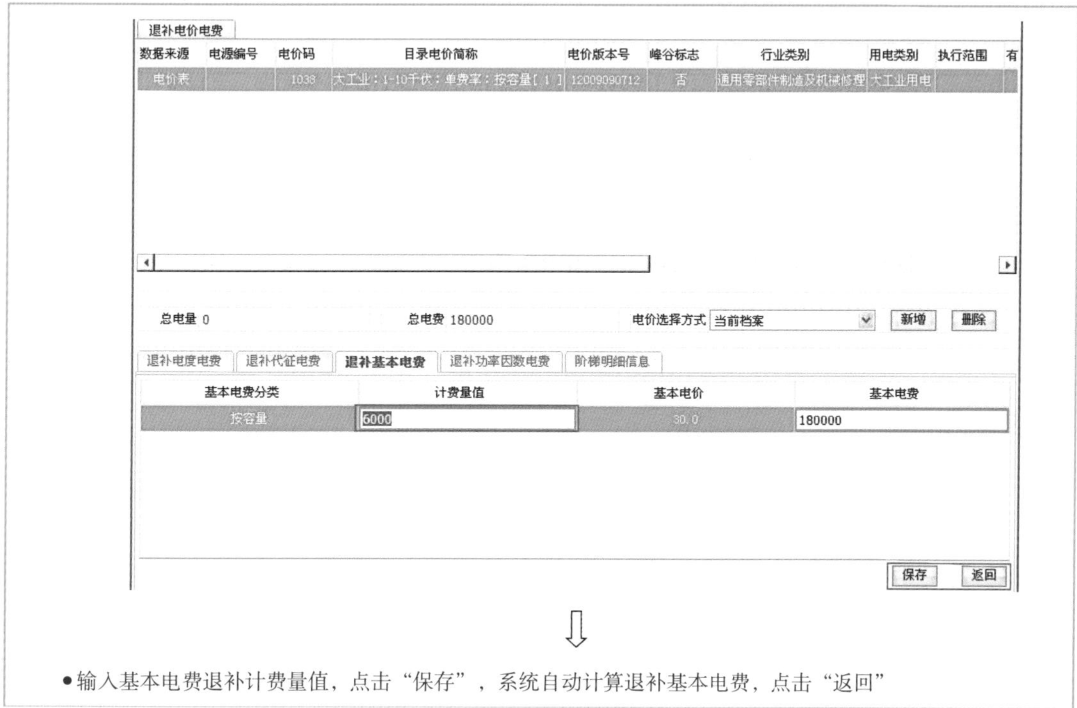

●输入基本电费退补计费量值，点击“保存”，系统自动计算退补基本电费，点击“返回”

违约用电退补处理 | 窃电退补处理 | 确定追补电费及违约使用电费 | 违约窃电查询

退补申请信息

用户编号 542006　　用户名称 宁波　　有限公司　　申请编号 15010535
抄表段编号 33405013001　　管理单位 宁波杭湾服务区　　电源编号 1756569
用电地址 浙江省宁波市慈溪市　　结算方式 抄表结算

退补说明：
窃电退补
该用户私增1250kVA变压器，擅自接线用电，通过调查确定该户窃电时间共计144天，平均每天生产时间8小时。
按《供电营业规则》第一百零三条规定，擅自接线用电的，所窃电量按私接设备额定容量（千伏安视同千瓦）乘以实际使用时间计算确定。

*退补差错分类：其它　　*差错原因：表计异常　　*差错发生日期：20150105

退补处理方案

责任人：　　*退补处理分类标志：退补电费

审核备注

打印　不处理　返回

⇩

- 点击“窃电退补处理”页面
- 在“退补处理分类标志”中选择“追补电费”，录入其他信息后点击“保存”，完成保存操作后点击“调整电费”按钮，弹出“追补电费”页面，输入抄见电量，点击“保存”，系统自动计算退补电费，然后点击“返回”

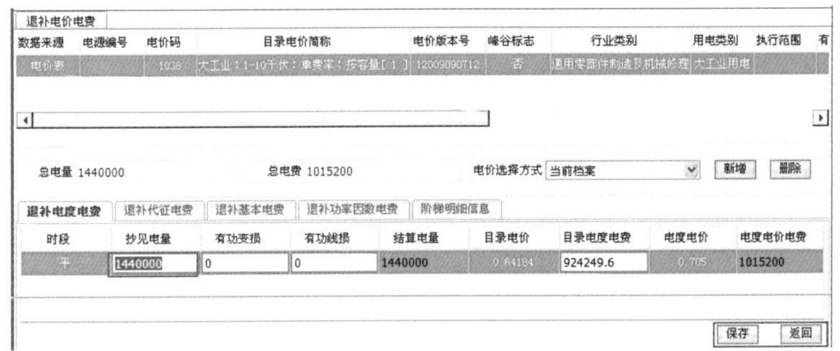

- 输入抄见电量，点击“保存”，系统自动计算退补电费，然后点击“返回”
- 追补电量的计算方式：

根据《供电营业规则》第一百零三条规定，窃电量按下列方法确定：

①在供电企业的供电设施上，擅自接线用电的，所窃电量按私接设备额定容量（千伏安视同千瓦）乘以实际使用时间计算确定；

②以其他行为窃电的,所窃电量按计费电能表标定电流值（对装有限流器的，按限流器整定电流值）所指的容量（千伏安视同千瓦）乘以实际窃用的时间计算确定。窃电时间无法查明时，窃电日数至少以180天计算，每日窃电时间：电力客户按12小时计算；照明客户按6小时计算。

在本案例中，该客户为“在供电企业的供电设施上，擅自接线用电”，经查该客户私增1250千伏安，窃电时间为144天，平均一天生产8小时，则该客户的窃电电量为1250千伏安×8小时×144天=1440000千瓦时。

违约用电退补处理 | 窃电退补处理 | **确定追补电费及违约使用电费** | 违约窃电查询

追补电费信息

申请编号：	15010535		
违约追补电费：	180000.0 元	违约追补电量：	0 kWh
违约使用电费：	540000 元	= 违约追补基数：	180000.000 X 3 倍 + 其他违约使用电费： 元
窃电追补电费：	1015200.0 元	窃电追补电量：	1440000 kWh
窃电使用电费：	2772748.8 元	= 窃电追补基数：	924249.600 X 3 倍
合计金额：	4507948.8 元	合计电量：	1440000 kWh
费用确定人：		费用确定时间：	20150105

保存 发送 相关资料

⇩

- 点击“确定追补电费及违约使用电费”，可以看到客户窃电追补电费电量和合计电费电量
- 可以对罚款的倍数进行更改，也可以在“其他违约使用电费”中直接定义罚款数额，录入完成后点击“保存”按钮，完成罚款的录入，确认无误后点击“发送”按钮，流程发送到“追补违约电费审批”环节

（5）追补违约电费审批。

确定追补违约窃电电费审批 | 违约窃电查询 | 违约用电退补明细 | 窃电退补明细

追补电费信息

申请编号：1501053

违约追补电量：	0 kWh	违约追补电费：	180000 元	违约使用电费：	540000 元
违约退补备注：					
窃电追补电量：	1440000 kWh	窃电追补电费：	1015200 元	窃电使用电费：	2772748.8 元
窃电退补备注：					
合计电量：	1440000 kWh	合计金额：	4507948.8 元		

审批/审核记录

审批/审核部门	审批/审核人	审批/审核时间	审批/审核结果	审批审核标志	业务环节
单位领导		2015-01-05	通过	审批	追补违约电费审批

*审批/审核人： *审批/审核时间：2015-01-05 *审批/审核结果：通过

审批/审核意见：

保存 发送 相关资料 返回

⇩

- 录入审批意见后点击“保存”，如果审批通过则点击“发送”按钮后流程发送到“违约窃电单据打印”；如果不通过则点击“发送”按钮，回到“追补违约电费审批”环节

6. 电费追补

（1）违约窃电单据打印。

违约窃电查询 | 违约用电退补明细 | 窃电退补明细

现场调查取证 | 违约用电信息 | 窃电信息 | 窃电案件信息 | 确定追补电费及违约使用电费 | 流程信息 | 客户信息 | 现场用检工单

追补电费信息

申请编号：	15010535[illegible]	合计电量：	1440000 kWh	合计金额：	4507948.8 元
违约追补电量：	0 kWh	违约追补电费：	180000 元	违约使用电费：	540000 元
违约退补备注：					
窃电追补电量：	1440000 kWh	窃电追补电费：	1015200 元	窃电使用电费：	2772748.8 元
窃电退补备注：					
费用确定人：	[illegible]	费用确定时间：	20150105		

审批/审核记录

审批部门	审批人	审批时间	审批结果	审批意见	审批审核标志	环节名称
单位领导	[illegible]	2015-01-05	通过		审批	追补违约电费审批

相关资料　打印　发送

⇩

- 待办工单中，录入申请编号查询出“违约窃电单据打印”的工作单，点击“处理”按钮
- 在“违约窃电单据打印”环节，点击“打印”，可以打印“缴费通知单”
- 完成打印后，点击“发送”按钮，流程发送到“退补电费发行”页面

<table>
<tr><td colspan="4" align="center">缴费通知单</td></tr>
<tr><td colspan="4" align="right">2015年01月05日</td></tr>
<tr><td colspan="2">客户名称：
宁波×××××××有限公司
客户编号：5420060841</td><td>用电地址：
浙江省宁波市慈溪市
×××××××××</td><td>请于　　年　月　日前，按本通知到
________缴费，逾期责任自负。</td></tr>
<tr><td>缴费项目</td><td>违约用电缴费</td><td>违约窃电缴费</td><td></td></tr>
<tr><td>缴费金额</td><td>720000元</td><td>3787948.8元</td><td></td></tr>
<tr><td colspan="4">计算依据：（违约窃电或违约用电）退补电费＋罚款（违约用电或违约窃电）</td></tr>
<tr><td colspan="2">部门：</td><td>查处人：</td><td align="right">（本单据一式二份）</td></tr>
</table>

（2）退补电费发行。

违约用电退补明细 | 窃电退补明细 | 用户档案 | **违约窃电查询**

现场调查取证 | 违约用电信息 | 窃电信息 | 窃电案件信息 | 确定追补电费及违约使用电费 | 流程信息 | 客户信息 | 现场用检工单

客户基本信息

用户编号：	542006	用户名称：	宁波 有限公司	行政区域：	慈溪市
联系人：		用电地址：	浙江省宁波市慈溪市		
合同容量：	315 kW	联系电话：		检查周期：	24 个月
上次检查日期：	20130531	邮政编码：		管理单位：	宁波杭湾服务区
休息日：		生产班次：		主要产品：	
客户类别：	高压	有无自备电源：		合同编号：	
合同有效期限：		变压器台数：	1	变压器总容量：	315 kW
转供标志：	无转供	转供单位：		转供容量：	kW
重要性等级：		分管检查人员：		停电标志：	

现场调查取证信息

申请编号：1501053　　调查人员：　　调查时间：20150104

☑ 违约用电　☑ 窃电

现场情况描述：现场既有窃电又有违约用电行为，具体为：1.私自更换线路保护熔丝。使用专业电气工具（令克棒等），私自将线路跌落熔丝换大；2.将原有进线电缆断开增设高压电缆分支箱。一路至原有配电房，另一路通过一台高压开关柜接至私增的1250kVA变压器窃电；3.私增变压器。将厂区配电房整改，在“房中房”内私设变压器，加装低压配电柜。

现场照片：下载　　照片名称：11.JPG

发送　相关资料

⇩

• 在“违约窃电查询”中可以查看具体的退补电费明细，确认无误后点击“发送”，流程发送到“业务费收费”环节

（3）收费。

用电申请信息

申请编号： 1501053
用户编号： 54200
业务类型： 违约用电、窃电管理
用户名称： 宁波有限公司
受理时间： 2015-01-05 14:12:32
用电地址： 浙江省宁波市慈溪市
受理部门： 33405
申请运行容量： kVA 原有运行容量： kVA 合计运行容量： kVA
申请容量： kVA 原有容量： kVA 合计容量： kVA
备注：

业务费应收信息 | 业务费实收信息

☐	收费项目名称	期数	容量	发票号码	应收金额	结清标志	费用确定人	缴费期限	用户编号	用户名称	备注
☑	违约使用电费	1	315		540000.00	欠费			5420060841	宁波有限公司	
☑	违约使用电费	1	315		2772748.80	欠费			5420060841	宁波有限公司	

总笔数： 2 应收合计： 3312748.80
*结算方式： 现金 票据号码： 票据银行：
*收款金额： 3312748.80 找零金额： 0.00 付款人账号：
发票号码： 业务费发票
备注：

录入备注 登记发票号码 删除登记发票 发送 返回

● 业务费收费由营业员在【电费收缴及营销账务管理】模块中的【业务费坐收】中收取，如未收取则流程不能发送，如已收取可以执行“发送”操作，流程发送到“归档”环节归档

（4）归档。

资料归档　归档信息

用户名称：宁波……有限公司　受理时间：2015-01-05 14:12:32

用电地址：浙江省宁波市……　受理部门：33405

申请运行容量：kVA　原有运行容量：kVA　合计运行容量：kVA

申请容量：kVA　原有容量：kVA　合计容量：kVA

备注：

资料归档

申请编号	档案号	盒号	柜号	归档人员	归档日期

*档案号：　*盒号：　*柜号：

*归档人员：　*归档日期：2015-01-14

变更内容：

新增　保存　删除

复电　打印　发送　相关资料

• 在“归档”环节，录入档案的存放位置后点击“保存”按钮，完成档案保存，点击“发送”按钮，流程结束

（5）恢复供电。

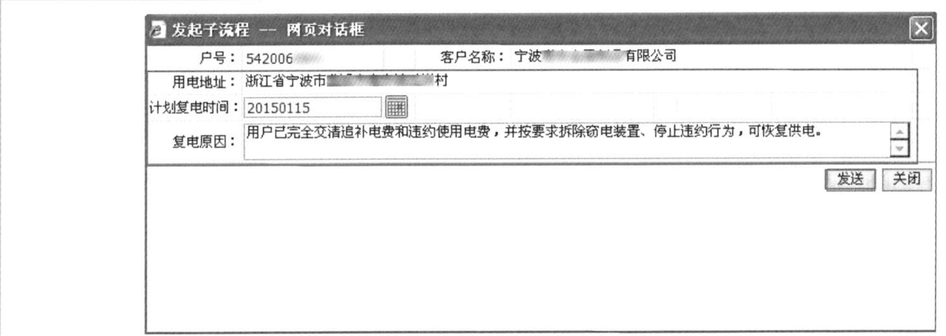

● 在归档的时候会出现“复电”按钮，点击“复电”按钮，系统弹出“复电”发起页面，录入“计划复电时间”、“复电原因”后，点击“发送”按钮后发起复电子流程

注意事项

√ 客户需完全交清追补电费和违约使用电费。

√ 客户需按要求拆除窃电装置、停止违约行为。

√ 在违约用电处理结束后，应及时恢复客户的供电。

三 用电优化建议

（一）概述

用电优化建议是指在用电检查工作中，发现的有助于优化客户用电结构、改进用电方式、提高电力资源利用效率、降低客户用电成本、提高经济效益的情况，根据相关情况提出专业性建议，并协助客户完成相关优化措施。

用电优化建议分类	原因及方式
无功就地补偿	合理的无功就地补偿能有效提高电能质量，降低损耗
合理设置计费方式	合理的计费方式能降低客户用电成本，并从经济角度促进客户“削峰填谷”，优化电网负荷曲线
电能替代	以清洁电能替代燃煤、燃油等污染严重、资源利用率低的能源，提高整体资源使用效率
用电设备优化	以高效能、低污染设备替代低效能、高污染设备，有效提高客户经济效益，并能带来显著社会效益。如节能灯、热泵、地热技术、废气废料发电、变频技术应用等

（二）处理过程及关键点

处理过程	内容	关键点
用电分析	全面分析客户用电情况，发现可优化点	了解客户用电时段、负荷类型、主要用电设备、运行方式等，熟悉电费电价相关业务
方案制定	结合发现的问题，沟通优化方向，提出优化用电建议	优化方向包括用电时段、设备运行方式、基本电费计费方式、能源替代等
方案实施	配合客户进行具体方案实施	确认系统内客户实际配置方式，注意抄表时段以及违约金起算日等设置
效益评估	跟踪客户优化用电的执行情况，评估方案实施效果	收集并记录客户实施方案的相关成本，评估其经济效益和社会效益

（三）优化用电示例

【案例一】

基本情况：在用电检查过程中，客户XX公司提出怎样用电能够节省资金，于是用电检查人员针对此客户电价电费综合情况进行分析。

（1）用电分析

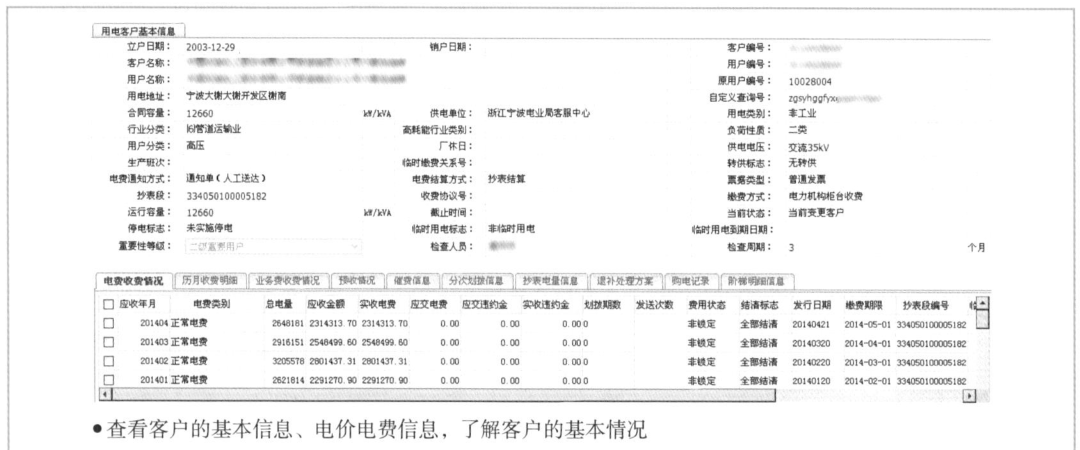

用电客户基本信息

立户日期：	2003-12-29	销户日期：		客户编号：	
客户名称：				用户编号：	
用户名称：				原用户编号：	10028004
用电地址：	宁波大榭大榭开发区榭南			自定义查询号：	zgsyhggfyx
合同容量：	12660 kW/kVA	供电单位：	浙江宁波电业局客服中心	用电类别：	非工业
行业分类：	l6)管道运输业	高耗能行业类别：		负荷性质：	二类
用户分类：	高压	厂休日：		供电电压：	交流35kV
生产班次：		临时缴费关系号：		转供标志：	无转供
电费通知方式：	通知单（人工送达）	电费结算方式：	抄表结算	票据类型：	普通发票
抄表段：	334050100005182	收费协议号：		缴费方式：	电力机构柜台收费
运行容量：	12660 kW/kVA	截止时间：		当前状态：	当前变更客户
停电标志：	未实施停电	临时用电标志：	非临时用电	临时用电到期日期：	
重要性等级：	二级重要用户	检查人员：		检查周期：	3 个月

电费收费情况 | 历月收费明细 | 业务费收费情况 | 预收情况 | 催费信息 | 分次划拨信息 | 抄表电量信息 | 退补处理方案 | 购电记录 | 阶梯明细信息

应收年月	电费类别	总电量	应收金额	实收电费	应交电费	应交违约金	实收违约金	划拨期数	发送次数	费用状态	结清标志	发行日期	缴费期限	抄表段编号
201404	正常电费	2648181	2314313.70	2314313.70	0.00	0.00	0.00	0		非锁定	全部结清	20140421	2014-05-01	334050100005182
201403	正常电费	2916151	2548499.60	2548499.60	0.00	0.00	0.00	0		非锁定	全部结清	20140320	2014-04-01	334050100005182
201402	正常电费	3205578	2801437.31	2801437.31	0.00	0.00	0.00	0		非锁定	全部结清	20140220	2014-03-01	334050100005182
201401	正常电费	2621814	2291270.90	2291270.90	0.00	0.00	0.00	0		非锁定	全部结清	20140120	2014-02-01	334050100005182

- 查看客户的基本信息、电价电费信息，了解客户的基本情况

单户档案查询 | 抄表数据查询 | 电量数据查询 | 负荷数据查询 | 电压合格率数据 | 数据异常 | 终端事件

户号 户名

开始日期 2014-05-14 结束日期 2014-05-19 更多

累计 局号：3340501053 正向有功总：35.88(kWh) 正向有功尖：3.25(kWh) 正向有功峰：14.38(kWh) 正向有功平：0(k
正向有功谷：18.25(kWh)

查询结果:【符号"←"含义为参见左列】

日期	局号(终端/表计)	正向有功总(kWh)	←尖	←峰	←平	←谷	正向无功总(kva...	反向无功总(kva...	无功电能Ⅰ(kvarh)
2014-05-19	33405010530000893647...	1193.05	102.63	490.28	0	600.14			591.83
2014-05-18	33405010530000893647...	1185.36	101.98	487.09	0	596.29			587.98
2014-05-17	33405010530000893647...	1177.64	101.33	483.91	0	592.4			584.11
2014-05-16	33405010530000893647...	1169.8	100.67	480.63	0	588.5			580.2
2014-05-15	33405010530000893647...	1164.58	100.01	478.95	0	585.62			577.57
2014-05-14	33405010530000893647...	1157.17	99.38	475.9	0	581.89			573.82

● 通过用电信息采集系统查看客户每日用电情况

（2）方案制订

工作内容

√ 针对客户基本信息及具体生产情况分析制订优化用电方案。

（1）分时计费方式调整。根据客户的用电时段，建议客户选取合适的分时计费方式。

（2）基本电费收取方式调整。基本电费可选择按容量计收或按需量计收，需量客户可预计下月生产负荷调整需量值。

（3）分期结算调整。客户可综合考虑财务状况和电费收缴时间，办理分次结算或分期划拨。

根据分析发现，该客户为非工业客户，不收取其基本电费，所以考虑方案时不需要考虑基本电费收取方式，也不需调整为大工业客户，可采用单费率三费率调整方式结合分期结算，达到优化用电、节省资金的目的。

目录电价简称	级数[阶梯]	时段	有功结算电量	目录电度电价单价	目录电度电费金额	代征电费	电度电价单价	电度电费金额
工商业及其他：35千伏及以上：单费率：单一制	1	平	2648181	0.81484	2157843.8	167259.12	0.878	2325102.92

- 根据生产设备的使用情况，调整单费率或尖峰谷三费率电价

用户编号 5110028004　用户名称　分公司　抄表段编号 334050100005182　电费年月 201404　转供标志 无转供
合计电量 2648181　合计电费 2314313.70　目录电度电费 2157843.80　代征电费 167259.12　基本电费 0.00　力率电费 -10789.22　分次结算标志 电费计算
到户均价 0.8739　用户类型 用电客户

- 从营销系统可以看出该客户4月为单费率电价，按电度电价0.878元收取电费

日期	局号(终端/表计)	瞬时有功(kW)	←无功(kvar)	A相电流(A)	←B相	←C相	A相电压(V)	←B相	←C相	总功率因数	正向有功总
2014-04-27 23:45:00	33405010530000893647...	4533.2	2240	83.88	0	84.64	34580	0	34685	.9	1061.26
2014-04-27 23:30:00	33405010530000893647...	4531.8	2240	83.36	0	84.12	34755	0	34860	.9	1061.19
2014-04-27 23:15:00	33405010530000893647...	4524.8	2240	83.52	0	84.28	34580	0	34685	.9	1061.1
2014-04-27 23:00:00	33405010530000893647...	4523.4	2240	83.6	0	84.28	34580	0	34685	.9	1061.03
2014-04-27 22:45:00	33405010530000893647...	4520.6	2240	83.84	0	84.56	34475	0	34580	.9	1060.94
2014-04-27 22:30:00	33405010530000893647...	4522	2240	83.48	0	84.24	34615	0	34720	.9	1060.86
2014-04-27 22:15:00	33405010530000893647...	4531.8	2240	83.68	0	84.28	34685	0	34790	.9	1060.78
2014-04-27 22:00:00	33405010530000893647...	4530.4	2240	83.16	0	83.76	34895	0	35000	.9	1060.7
2014-04-27 21:45:00	33405010530000893647...	4529	2240	83.24	0	83.76	34965	0	35070	.9	1060.62
2014-04-27 21:30:00	33405010530000893647...	4526.2	2240	83.16	0	83.72	34930	0	35035	.9	1060.54

- 考虑将4月电费改为按三费率计收，从用电信息采集系统可以看出，该客户负荷非常平稳

项目	单一电价（0.878元/千瓦时）	尖（1.367元/千瓦时）	峰（1.074元/千瓦时）	谷（0.571元/千瓦时）	电费（元）
单费率电量（千瓦时）	2648181	—	—	—	2325102.92
三费率电量（千瓦时）	—	220682	1103408	1324091	2242788.44
差额	—	—	—	—	82314.48

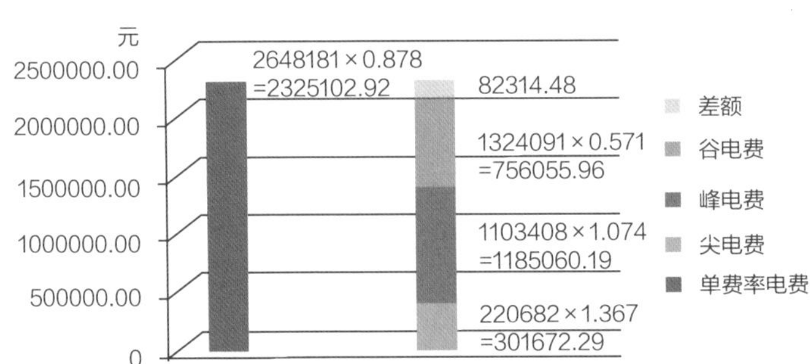

根据模拟计算，该客户4月若以三费率计费则可节省电费82314.48元。

（3）方案实施

工作内容

√ 综合上述考虑，建议客户改为三费率分时电价，并根据峰谷时段调整生产班次，移峰填谷，以有效优化电费结构。

√ 客户收到优化用电方案后，可自愿到就近营业厅办理申请变更用电业务。

√ 接受客户的变更用电申请后，完成系统流程的录入。

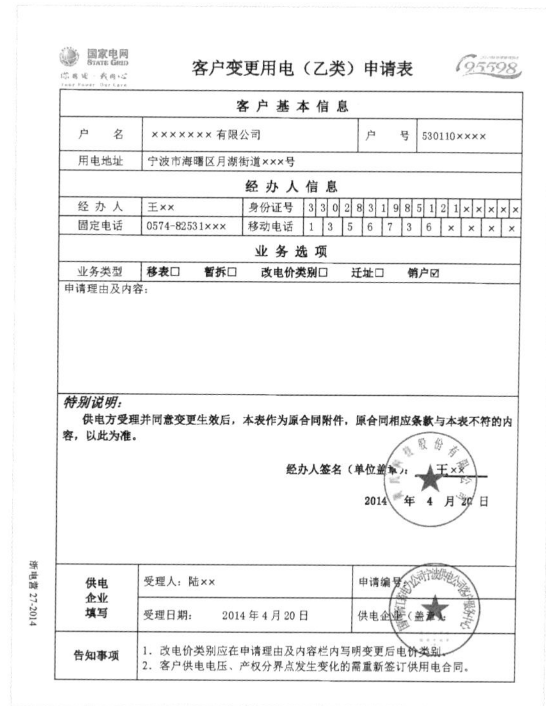

国家电网 STATE GRID 你用电·我用心 Your Power Our Care　　95598

客户变更用电（乙类）申请表

客户基本信息			
户　名	×××××××× 有限公司	户　号	530110××××
用电地址	宁波市海曙区月湖街道×××号		
经办人信息			
经办人	王××	身份证号	3 3 0 2 8 3 1 9 8 5 1 2 1 × × × × ×
固定电话	0574-82531×××	移动电话	1 3 5 6 7 3 6 × × × ×
业务选项			
业务类型	移表☐　暂拆☐　改电价类别☐　迁址☐　销户☑		

申请理由及内容：

特别说明：

供电方受理并同意变更生效后，本表作为原合同附件，原合同相应条款与本表不符的内容，以此为准。

经办人签名（单位盖章）：王××

2014 年 4 月 20 日

供电企业填写	受理人：陆××	申请编号：
	受理日期：　2014 年 4 月 20 日	供电企业（盖章）：
告知事项	1．改电价类别应在申请理由及内容栏内写明变更后电价类别。 2．客户供电电压、产权分界点发生变化的需重新签订供用电合同。	

浙电营 27-2014

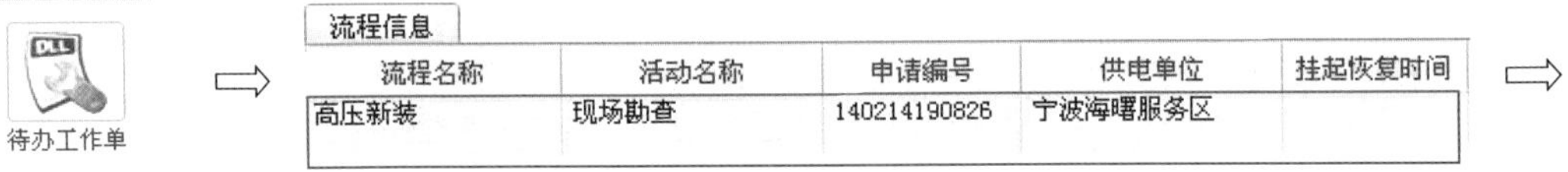

待办工作单

流程名称	活动名称	申请编号	供电单位	挂起恢复时间
高压新装	现场勘查	140214190826	宁波海曙服务区	

• 待流程流转至用电检查班后，点击“待办工作单”，选择“现场勘查”工作单，点击“处理”

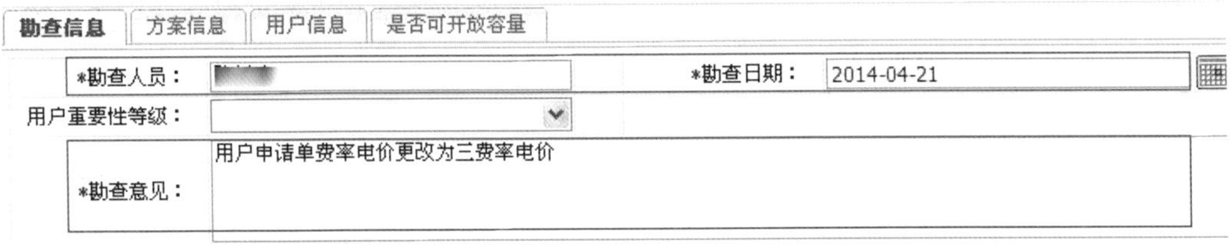

勘查信息　方案信息　用户信息　是否可开放容量

*勘查人员：　　*勘查日期：2014-04-21

用户重要性等级：

*勘查意见：用户申请单费率电价更改为三费率电价

• 填写勘查意见

用户电价方案

受电点标识	受电点名称	执行电价	电价行业类别
102194	宁波大榭大榭开发区榭南	一般工商业及其他：35千伏及以上：单费率：单一制	(6)管道运输业
102194	宁波大榭大榭开发区榭南	一般工商业及其他：35千伏及以上：单费率：单一制	(6)管道运输业

*执行电价：一般工商业及其他：35千伏及以上：单费　*电价行业类别：(6)管道运输业　*是

*功率因数标准：考核标准0.85

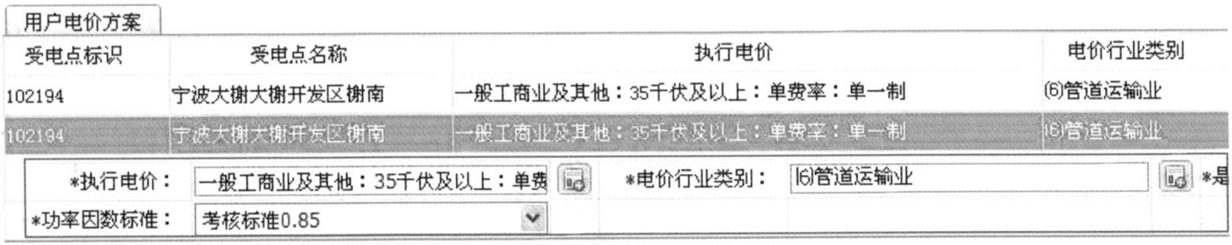

• 点击“计费方案”，在“客户电价方案”中选择其中一条电价记录

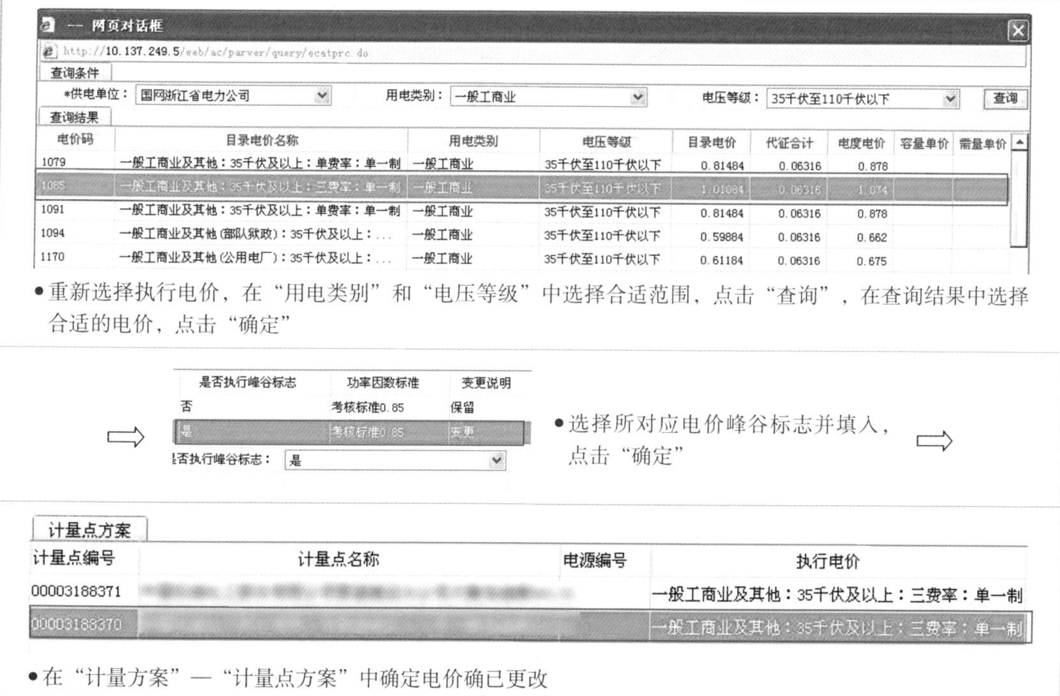

- 重新选择执行电价，在“用电类别”和“电压等级”中选择合适范围，点击“查询”，在查询结果中选择合适的电价，点击“确定”

- 选择所对应电价峰谷标志并填入，点击“确定”

- 在“计量方案”—“计量点方案”中确定电价确已更改

● 虚拆各计量点所对应的表计

● 修改电能表方案信息。根据不同的方案，选取所需要的示数类型，如表计不满足使用要求，可重新换取表计

● 经审批、业务费收取、安装信息录入等常规流程跳转后，在送停电管理中填入时间信息点击“发送”，待归档后，所有手续办理完毕

（4）效益评估

工作内容

√ 调整完成之后，可联系客户收集反馈信息，也可根据调整前后负荷与电费的比较，确定是否达到预期目标。

本案例中，该客户执行单一电价期间，1～5月间到户均价平均值为0.8727元；更改为三费率后，6～10月间到户均价平均值为0.8455元，相比减少了0.0272元。该客户6～10月总电量为12469954千瓦时，测算出5个月共为客户减少电费支出约34万元。

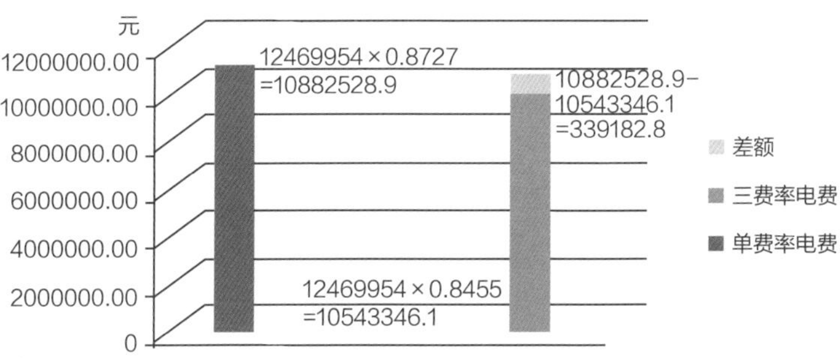

根据实际测算该客户更改为三费率后，6～10月间相较1～5月间节省电费339182.8元。

【案例二】

基本情况：2014年7月，用检人员在用电检查中发现某公司功率因数偏低。

（1）发现优化点

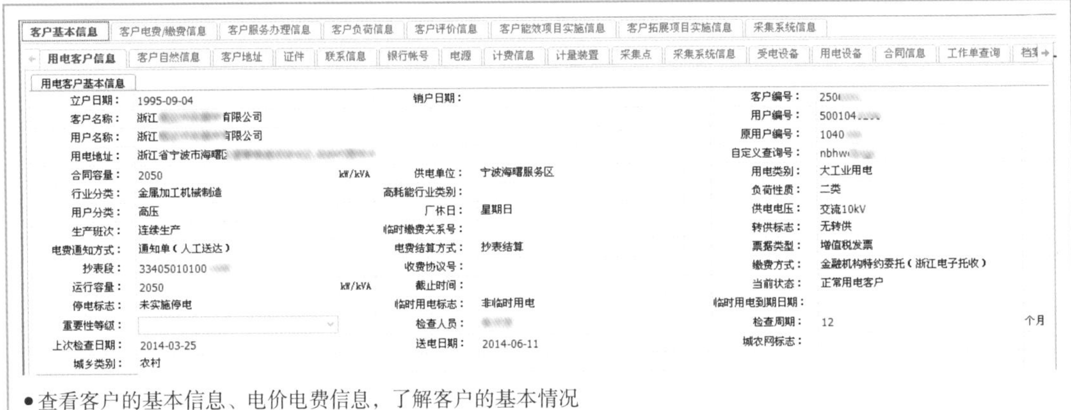

客户基本信息 | 客户电费/缴费信息 | 客户服务办理信息 | 客户负荷信息 | 客户评价信息 | 客户能效项目实施信息 | 客户拓展项目实施信息 | 采集系统信息

用电客户信息 | 客户自然信息 | 客户地址 | 证件 | 联系信息 | 银行帐号 | 电源 | 计费信息 | 计量装置 | 采集点 | 采集系统信息 | 受电设备 | 用电设备 | 合同信息 | 工作单查询 | 档案

用电客户基本信息

立户日期：	1995-09-04	销户日期：		客户编号：	250
客户名称：	浙江 有限公司			用户编号：	500104
用户名称：	浙江 有限公司			原用户编号：	1040
用电地址：	浙江省宁波市海曙区			自定义查询号：	nbhw
合同容量：	2050 kW/kVA	供电单位：	宁波海曙服务区	用电类别：	大工业用电
行业分类：	金属加工机械制造	高耗能行业类别：		负荷性质：	二类
用户分类：	高压	厂休日：	星期日	供电电压：	交流10kV
生产班次：	连续生产	临时缴费关系号：		转供标志：	无转供
电费通知方式：	通知单（人工送达）	电费结算方式：	抄表结算	票据类型：	增值税发票
抄表段：	33405010100	收费协议号：		缴费方式：	金融机构特约委托（浙江电子托收）
运行容量：	2050 kW/kVA	截止时间：		当前状态：	正常用电客户
停电标志：	未实施停电	临时用电标志：	非临时用电	临时用电到期日期：	
重要性等级：		检查人员：		检查周期：	12 个月
上次检查日期：	2014-03-25	送电日期：	2014-06-11	城农网标志：	
城乡类别：	农村				

●查看客户的基本信息、电价电费信息，了解客户的基本情况

（2）方案制订

工作内容

√ 针对发现的客户基本信息以及不同生产情况分析不同优化用电方案。

经检查，由于客户生产转型，新增了部分感性设备，导致功率因数降低，同时，原安装的16组30千乏电容器中有6组由于损坏退出运行，只是客户原用电设备感性无功不多而未察觉。根据现场实际情况，在与客户沟通后，建议客户更换损坏的电容器，并补装部分新电容，以提高功率因数。这样既能减少客户的力调电费支出，又能提高配电网的电压质量。

级数[阶梯]	目录电价简称	参与调整电费金额	调整系数	功率因数调整电费	有功电量	无功电量	功率因数标准	实际功率因数	关联申请编号	小电量
1	大工业：1-10千伏：三费率：按容量	321338.63	0.05	16066.93	350910	262410	考核标准0.9	0.8	0	

●查看客户7月功率因数调整电费明细

（3）方案实施

工作内容

√ 经测算，客户最大负荷月的平均有功功率为1500千瓦，当前客户功率因数为0.8，功率因数调整电费为：321338.63×0.05=16066.93元，客户为大工业客户，功率因数考核标准为0.9，以此标准为目标，根据公式

$$Q_c=P\left[\sqrt{\frac{1}{\cos^2\varphi_1}-1}-\sqrt{\frac{1}{\cos^2\varphi_2}-1}\right]$$

式中：*P*为最大负荷月的平均有功功率（千瓦），$\cos\varphi_1$、$\cos\varphi_2$为补偿前后的功率因数值。则

$$Q_c=1500\times\left(\sqrt{\frac{1}{0.8^2}-1}-\sqrt{\frac{1}{0.9^2}-1}\right)\approx 400\text{（千乏）}$$

√ 经计算得，客户需要更换、新装总容量大于400千乏的电容器。

√ 客户接受用检人员建议，更换40千乏电容器6组，新装40千乏电容器4组。

（4）效益评估

工作内容

√ 2014年9月，客户功率因数上升为0.87，10月功率因数上升到0.92，由7月力调电费支出16066.93元变为10月的收入835（278334.29×−0.003=−835）元。

级数[阶梯]	目录电价简称	参与调整电费金额	调整系数	功率因数调整电费	有功电量	无功电量	功率因数标准	实际功率因数	关联申请编号	小电量
1	大工业：1-10千伏：三费率：按容量	278334.29	-0.003	-835	291780	127830	考核标准0.9	0.92	0	

● 查看客户10月份功率因数调整电费明细

以0.90为标准值的功率因数调整电费表

减收电费		增收电费			
实际功率因数	月电费减少（%）	实际功率因数	月电费减少（%）	实际功率因数	月电费减少（%）
0.90	0.0	0.89	0.5	0.75	7.5
0.91	0.15	0.88	1.0	0.74	8.0
0.92	0.30	0.87	1.5	0.73	8.5
0.93	0.45	0.86	2.0	0.72	9.0
0.94	0.60	0.85	2.5	0.71	9.5
		0.84	3.0	0.70	10.0
		0.83	3.5	0.69	11.0
		0.82	4.0	0.68	12.0
		0.81	4.5	0.67	13.0
0.95~1.00	0.75	0.80	5.0	0.66	14.0
		0.79	5.5	0.65	15.0
		0.78	6.0		
		0.77	6.5	功率因数自0.64及以下，每降低0.01电费增加2%	
		0.76	7.0		

以0.85为标准值的功率因数调整电费表

减收电费		增收电费			
实际功率因数	月电费减少（%）	实际功率因数	月电费减少（%）	实际功率因数	月电费减少（%）
0.85	0.0	0.84	0.5	0.70	7.5
0.86	0.1	0.83	1.0	0.69	8.0
0.87	0.2	0.82	1.5	0.68	8.5
0.88	0.3	0.81	2.0	0.67	9.0
0.89	0.4	0.80	2.5	0.66	9.5
0.90	0.5	0.79	3.0	0.65	10.0
0.91	0.65	0.78	3.5	0.64	11.0
0.92	0.80	0.77	4.0	0.63	12.0
0.93	0.95	0.76	4.5	0.62	13.0
		0.75	5.0	0.61	14.0
		0.74	5.5	0.60	15.0
0.94~1.00	1.10	0.73	6.0	功率因数自0.59及以下，每降低0.01电费增加2%	
		0.72	6.5		
		0.71	7.0		

Part 4

应急处置篇 >>

应急处置篇用于支持用电检查人员现场检查过程中遇到的突发情况与紧急事件，旨在提高用电检查人员在客户现场对突发事件的响应速度，保障用电检查人员在紧急情形下的服务质量，预防或最大程度减轻现场紧急事件带来的危害。

本篇列举12种用电检查人员日常服务过程中发生频率较高的事项，采用漫画配文字的方式，提供应急情况下的处理步骤与方法，为用电检查人员日常工作中的突发情况与紧急事件处理提供了参考。

本篇所指现场紧急事件是用电检查人员无法准确预测，在服务客户的过程中发生，影响工作质量和客户满意度，需立即处置的事件。

案例1　客户要求代为操作设备

应急处理步骤	关键点控制
开始 ↓ 拒绝要求 ↓ 说明原因 ↓ 指导操作 ↓ 结束	（1）拒绝要求：遵守工作规范，明确拒绝客户代为操作设备的要求。 （2）说明原因：详细解释不能代为操作设备的原因。 应对话术：X先生/小姐，不是我们不愿意为您服务，《用电检查管理办法》有严格的工作规范要求，明确禁止用电检查人员替代客户操作客户设备，希望您能体谅。 （3）指导操作：如果客户确实需要协助并提出请求，可指导其电气人员操作；如客户未配备电气人员，则应出具《客户受电装置及运行管理缺陷通知单》，要求其配备持证电气人员方可进行设备操作。

1. 客户要求代为操作设备

2. 明确拒绝客户代为操作设备的要求

3. 用法规向客户解释不能代为操作的原因

4. 客户确需协助

5. 指导客户电工操作

6. 要求客户配备进网作业电工人员

案例2　发现计量装置故障

应急处理步骤	关键控制点
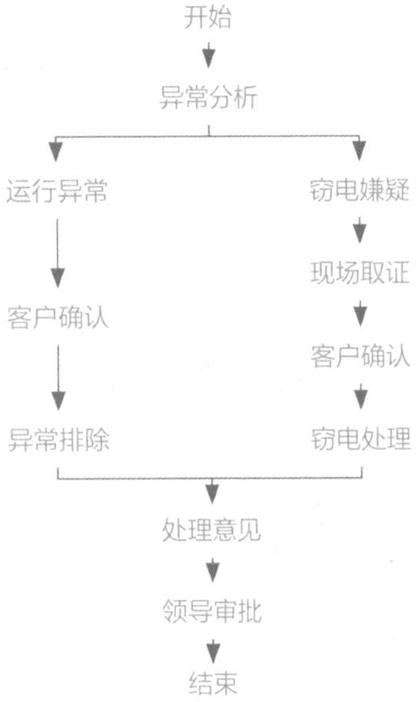 开始 → 异常分析 → 运行异常 → 客户确认 → 异常排除；异常分析 → 窃电嫌疑 → 现场取证 → 客户确认 → 窃电处理；→ 处理意见 → 领导审批 → 结束	（1）异常判别：仔细观察计量装置的封印及运行状况，判断计量装置异常类别。 （2）异常运行：如计量装置属于运行异常，则对异常的原因进行详细排查，并与客户沟通确定异常原因，进行处理。 （3）窃电嫌疑：存在窃电嫌疑，可用手机或相机快速取证，注意保护现场；制止侵害，出具《窃电（违约用电）处理通知单》；与客户沟通，根据相关规定进行电费追补等流程。 （4）上报主管领导：记录相关信息，上报主管领导，根据领导审批意见处理。

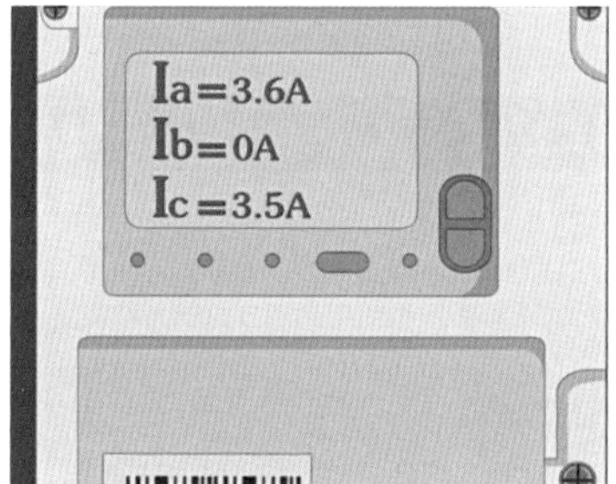

1. 发现B相电流为0安

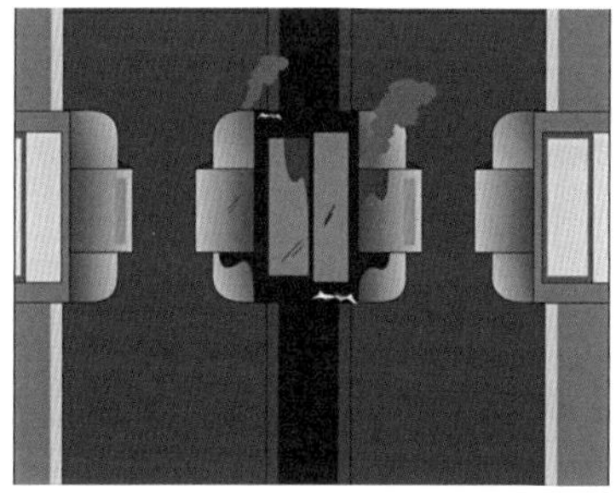

2. 发现B相电流互感器有烧黑的痕迹

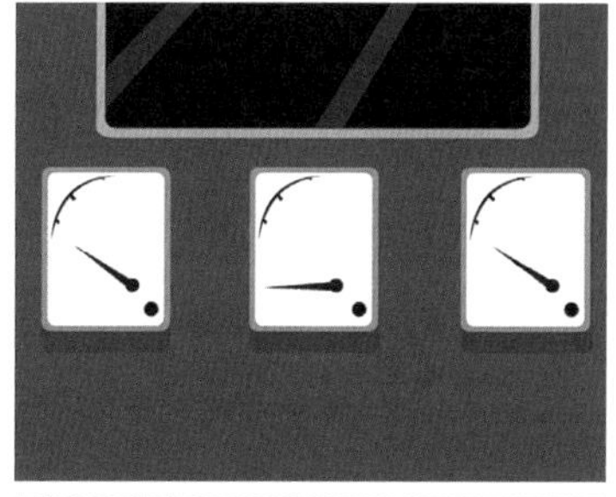

3. B相电流明显比A、C相电流小

4. 打电话查询该户用电信息

5. 调查取证

6. 协助处理故障、沟通退补方案

案例3　客户原因造成电网事故的处理

应急处理步骤	关键点控制
开始 → 判断原因隔离故障 → 通知调度部门 → 故障排查及处理 → 事故分析与防范 → 结束	（1）判断原因、隔离故障：初步判断故障原因，要求客户立即隔离故障。 （2）恢复其他客户供电：通知调度部门对外部其他客户恢复供电。 （3）故障排查及处理：协助客户进行故障排查，必要时联系其他部门予以协助配合，尽快解决故障。 （4）事故分析、制定防范措施：要求客户编制事故报告，组织相关部门召开事故分析会，制定相应的防范措施。

1. 客户反映停电

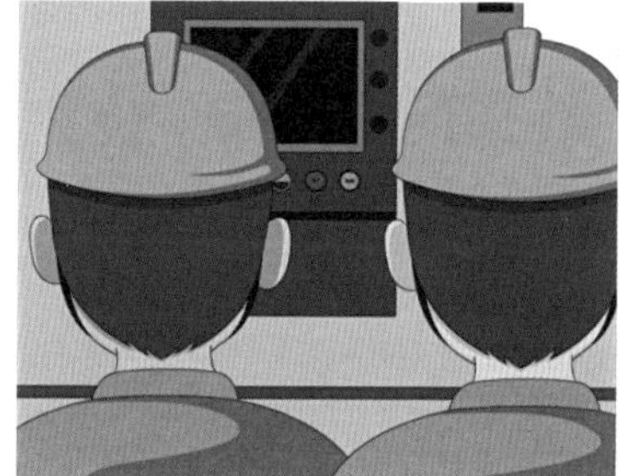

2. 判断停电原因，隔离故障

3. 通知调度部门恢复其他客户供电

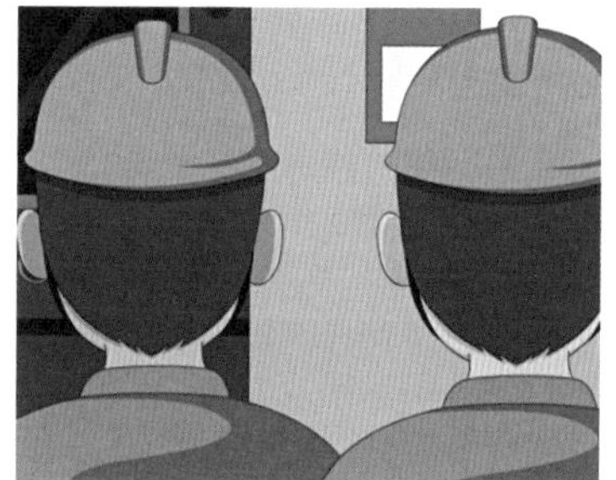

4. 协助故障排查

5. 进一步分析事故原因

6. 要求客户制定相应的防范措施

案例4　发现客户窃电

应急处理步骤	关键点控制
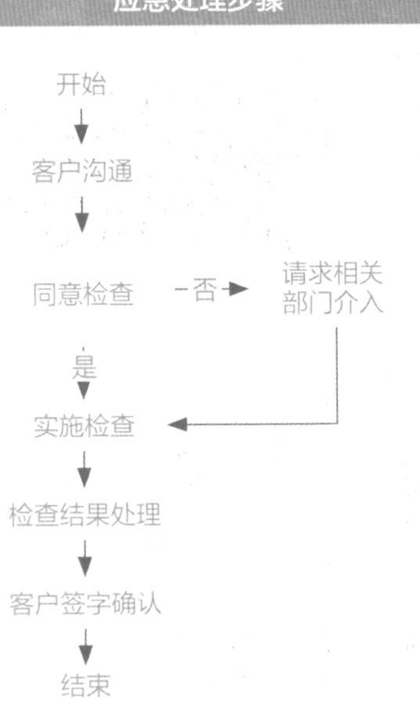	（1）客户沟通：积极与客户沟通，从安全出发，消除客户的不理解以及“不给面子”、“被针对”等心理，如客户拖延或不配合，可请求相关部门介入。 应对话术：您好，检查工作是出于维护电网运行安全，保障您能安全用电，希望您理解、配合我们的工作。 （2）实施检查：检查的重点在于计量柜，如窃电属实，首先保护现场，用相机拍照或者录像取证，然后向领导报告相关情况。 （3）检查结果处理：制止窃电，出具《窃电（违约用电）处理通知单》；与客户沟通，根据《供电营业规则》规定进行电费追补等流程。 （4）客户签字确认：要求客户负责人或电气负责人在《窃电（违约用电）处理通知单》上签字。

异常告警,A相电流缺相!!!

1. 利用采集系统等手段，及时发现窃电嫌疑

2. 出示检查证

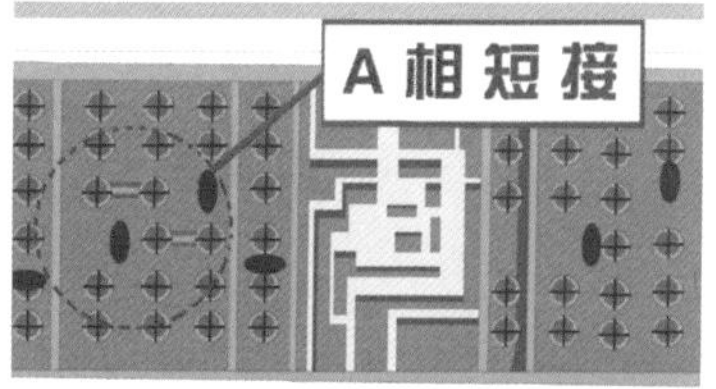

3. 发现客户窃电

4. 调查取证

5. 报告领导

6. 严格按照相关法律法规，进行窃电处理

案例5 实施停电时遭围攻

应急处理步骤	关键点控制

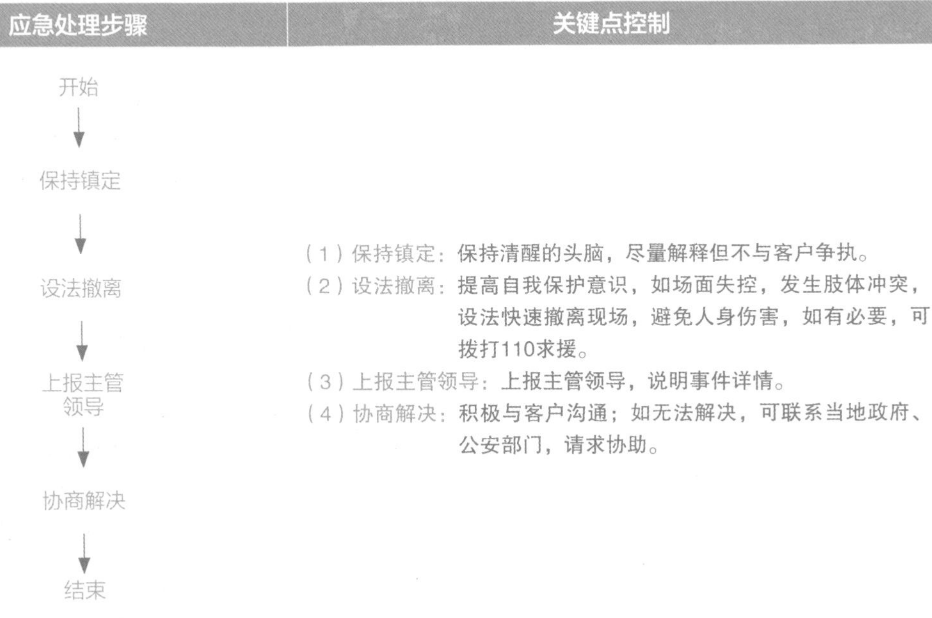

（1）保持镇定：保持清醒的头脑，尽量解释但不与客户争执。

（2）设法撤离：提高自我保护意识，如场面失控，发生肢体冲突，设法快速撤离现场，避免人身伤害，如有必要，可拨打110求援。

（3）上报主管领导：上报主管领导，说明事件详情。

（4）协商解决：积极与客户沟通；如无法解决，可联系当地政府、公安部门，请求协助。

1. 电话通知客户准备停电

2. 到达现场向客户说明停电原因

3. 工人围上来不让停电

4. 保持清醒的头脑，向众人解释

5. 撤离现场，报告领导

6. 联系地方政府、公安部门请求协助

案例6　配电房遇狗

应急处理步骤	关键点控制
开始 ↓ 保护自身安全 ↓ 沟通协商 ↓ 实施检查 ↓ 缺陷整改 ↓ 结束	（1）保护自身安全：尽量远离狗，注意保护自身安全。如遭到攻击，注意保护头部、咽喉等重要部位。如受伤，立即处理伤口，马上挤出脏血，用肥皂水清洗，再用大量清水冲净，切忌包扎，完成后立即前往附近的医院作进一步处理。 （2）沟通协商：与用户沟通，明确告知配电房不能养狗或其他小动物，并说明养狗等小动物可能给设备运行带来安全隐患，要求立即将狗转移。 应对话术：小动物可能造成设备运行安全隐患，养狗极有可能造成线路短路等安全事故，也会威胁值班人员人身安全。 （3）实施检查：待威胁转移之后，实施检查。 （4）缺陷整改：在出具的《客户受电装置及运行管理缺陷通知单》中明确指出在变配电室不能养狗及其他小动物。

1. 狗突然扑上来

2. 尽量远离狗，注意保护自身安全

3. 要护住头部和喉咙等重要部位

4. 狗对设备运行带来安全隐患

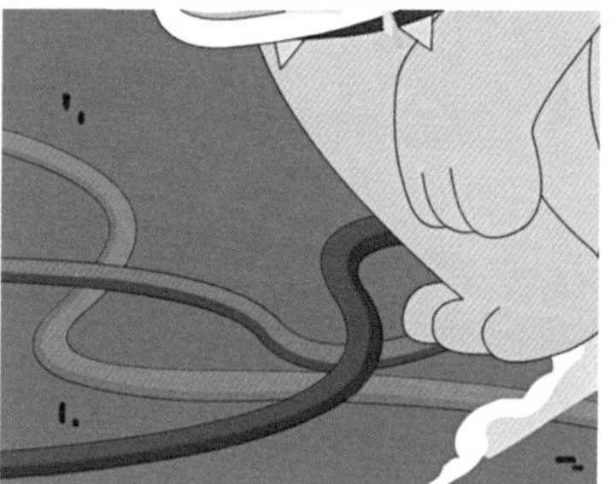

5. 与客户沟通，说明在配电房防小动物的必要性

6. 要求客户立即将狗转移

案例7　客户拒对隐患、缺陷进行整改

应急处理步骤	关键点控制
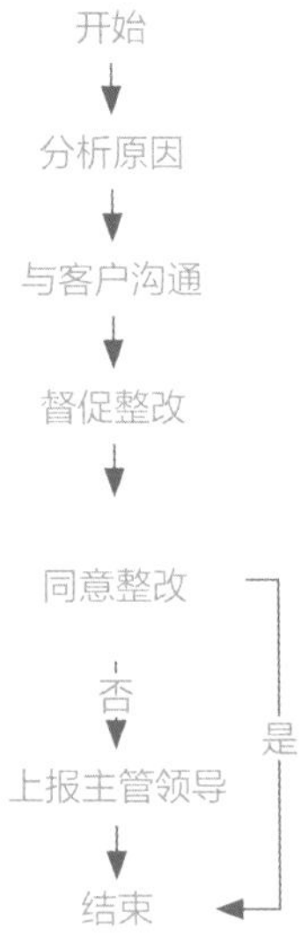 开始 → 分析原因 → 与客户沟通 → 督促整改 → 同意整改（是 → 结束；否 → 上报主管领导 → 结束）	（1）分析原因：初步判断用户拒绝整改的原因，如整改成本高、整改耗时长、客户不重视等。 （2）与客户沟通：针对客户不愿整改的原因，语言简洁、语速平和地说明整改的必要性。 （3）督促整改：督促客户按照整改意见及时整改。 （4）结果处理：隐患缺陷整改应有闭环，如客户执意拒绝整改，应上报主管领导，必要时上报政府主管部门。

1. 发现客户未整改隐患、缺陷

2. 详细分析客户拒绝整改原因

3. 与客户沟通，准确简洁地说明必要性

4. 督促客户整改

5. 闭环管理

6. 必要时上报政府主管部门

案例8　无功补偿装置异常

应急处理步骤	关键点控制
开始 ↓	
异常分析排查 ↓	（1）异常分析排查：根据无功补偿装置异常状况，对控制仪、电容器、熔丝接触器等装置进行排查。
提出整改意见 ↓	（2）提出整改意见：确定异常原因后，向客户开具《客户受电装置及运行管理缺陷通知单》，提出整改意见。 应对话术：您好，本次无功补偿装置出现异常的原因在于XXX，请您对XXX进行整改，否则将影响补偿效果，增加电费支出。这是具体的缺陷通知单，请签字确认。
提供必要帮助 ↓	（3）提供必要帮助：根据客户需求，可提供相应帮助。
回访跟踪 ↓	（4）回访跟踪：对客户进行跟踪回访，督促其严格执行整改意见，形成闭环管理。
结束	

1. 根据异常表现判断故障原因

2. 协助排查，确定故障

3. 说明故障原因及整改必要性

4. 出具单据，监督整改

5. 必要时提供相应帮助

6. 回访跟踪，确认整改效果

案例9　因电网原因，造成重要客户单电源运行

应急处理步骤	关键点控制
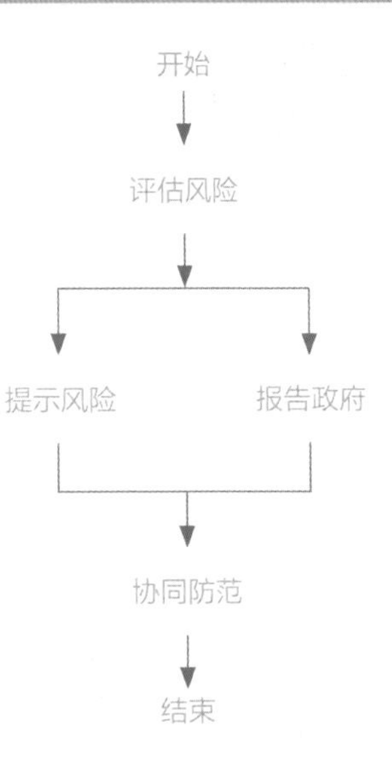	（1）风险评估： 1）了解电网异常原因、恢复正常运行方式时间以及期间的不确定因素。 2）了解重要客户生产性质、负荷情况，评估突然停电造成的危害和影响。 （2）提示风险： 1）提示客户单电源运行情况下供电可靠性降低，存在突然停电的风险。 2）要求客户做好停电应急准备。 （3）报告政府：报告政府电网异常原因、恢复时间以及风险。 （4）协同防范： 1）检查客户电气设备运行状况。 2）查看客户停电应急预案的合理性和有效性。 3）必要时，提供协助。

1. 发现重要客户供电可靠性降低

2. 了解供电异常原因、带来的危害和影响

3. 及时提醒客户相关风险

4. 上报政府主管部门

5. 协同防范

6. 经验总结，完善相应预案

案例10　客户经营异常，存在电费支付风险

应急处理步骤	关键点控制
开始	
↓	
发现企业经营异常	
↓	
经营状况分析	（1）经营状况分析： 1）通过观察企业生产运转、工人出入情况了解经营状况。 2）从银行、政府等渠道了解债权、债务、信用认定情况。
↓	
评估电费风险	（2）评估电费风险： 1）查看企业电量、电费变化情况及缴费记录。 2）查看是否有资产质押、第三方担保等电费风险防范措施。
↓	
报告领导	
↓	
防范措施	（3）防范措施：配合抄表收费班落实好资产质押、第三方担保等防范电费风险的措施，及时做好电费催收。
↓	
跟踪关注	（4）跟踪关注：通过用电信息采集系统关注企业用电变化情况。
↓	
结束	

1. 发现企业经营异常

2. 了解企业生产运转、债权、债务情况

3. 评估企业电费支付风险

4. 制定防范措施

5. 上报领导

6. 配合抄表收费班防范电费风险

案例11 保供电场所发生停电事件

应急处理步骤	关键点控制
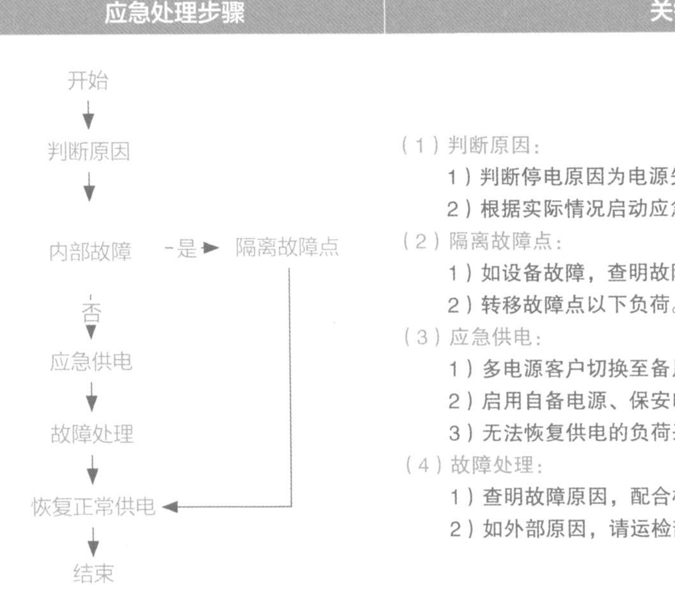	（1）判断原因： 1）判断停电原因为电源失电还是内部设备故障。 2）根据实际情况启动应急预案。 （2）隔离故障点： 1）如设备故障，查明故障点，切除故障设备。 2）转移故障点以下负荷。 （3）应急供电： 1）多电源客户切换至备用电源供电。 2）启用自备电源、保安电源。 3）无法恢复供电的负荷采用应急发电机供电。 （4）故障处理： 1）查明故障原因，配合检修部门修复故障点。 2）如外部原因，请运检部门尽快查明原因，恢复供电。

1. 保供电场所突然失电

2. 判断故障原因，隔离故障点

3. 启动应急预案，开始应急供电

4. 故障抢修

5. 恢复正常供电

6. 总结经验，完善预案

案例12 现场发生触电伤害

应急处理步骤	关键点控制
 开始 ↓ 脱离电源 ↓ 紧急救护 ↓ 请求救援 ↓ 保护现场 作好记录 ↓ 事故上报 ↓ 结束	（1）脱离电源： 1）发生电击情况后，同行人员或现场目击者应立即断开电源或设法使触电者脱离电源，动作应迅速、果断、得当。 2）伤员没有完全脱离电源之前，现场救护人员不能直接触及触电者的任何部位，以免间接触电。 3）如触电者身体距地面较高，应采取措施防止伤员脱离电源后坠落。 （2）紧急救护： 1）应将伤员就地仰面平躺，密切关注呼吸、脉搏等生命表现特征，保证伤员气道畅通，对神志清醒的伤员，不能让其站立或行走。 2）对神志不清醒的伤员，应在5~10秒内用轻呼、轻拍、看、听、试的方法判断伤员听觉和感觉意识及呼吸心跳情况，禁止摇动伤员头部。 3）发现触电伤员呼吸、心跳停止时，应立即采用心肺复苏法的畅通气道、人工呼吸、胸外心脏按压三种措施实施抢救。 （3）请求救援： 1）现场采取措施的同时应向120急救中心或附近的医院请求救援。 2）医护人员未到达前不能放弃现场抢救，不得擅自判断触电伤员死亡。

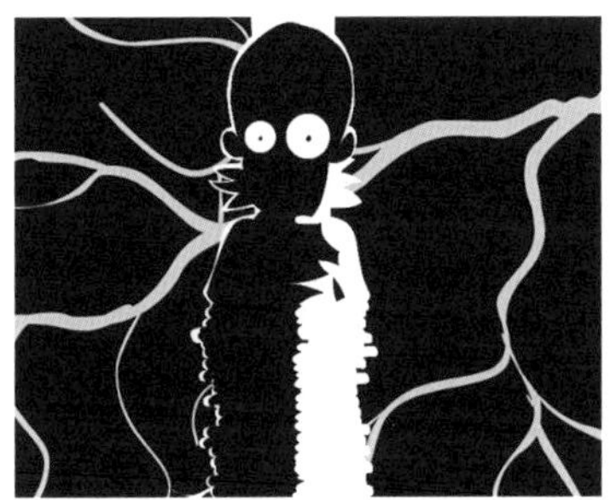

1. 设法让触电者脱离电源

2. 正确紧急救护伤员

3. 请求医疗救援，伤员送往医院救治

4. 保护现场，做好事故详细记录

5. 上报领导

6. 事故分析教育，避免事故重演

Part 5

隐患缺陷典型示例篇 »

隐患缺陷典型示例篇汇集了用电检查工作中常见的电气设备缺陷，以及管理不到位引发的各类缺陷共28例，对安全管理制度、变压器、高压柜、低压柜、计量、变电所防护、自备应急电源等设备存在的缺陷点进行隐患分析，并提出整改意见，旨在提高用电检查人员日常工作效率，为用电隐患排查提供直观参考依据。

案例1　一次系统模拟图与实际运行状态不一致★★☆

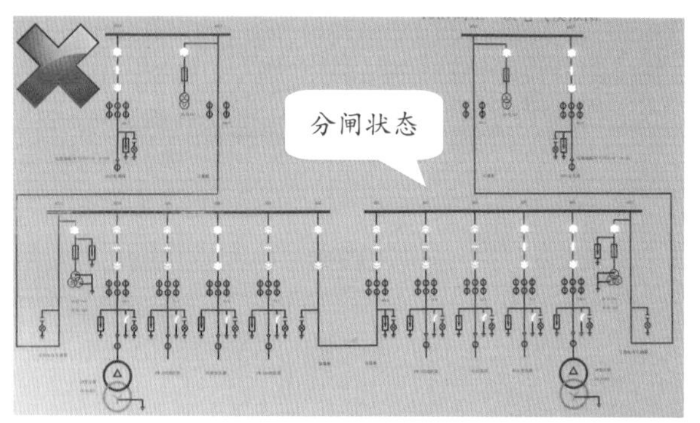

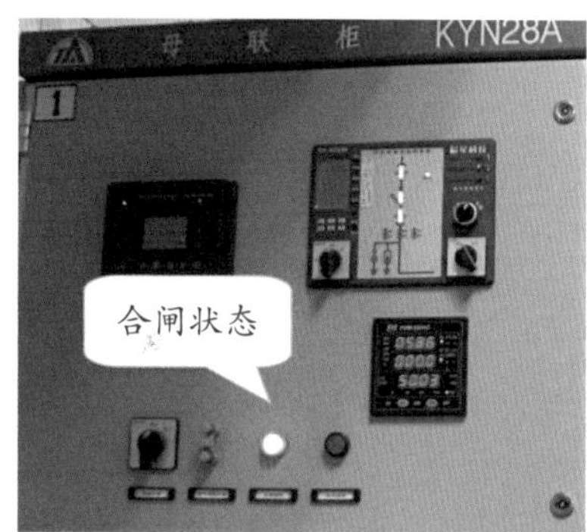

后　果

容易误导操作人员，造成误操作事故。

整改建议

（1）一次系统模拟图应与实际运行状态一致。

（2）操作人员更改设备运行状态后，应及时更新模拟图板状态。

（3）客户设备发生变动，应同步更新模拟图板。

案例2　配电房规章制度不完善★☆☆

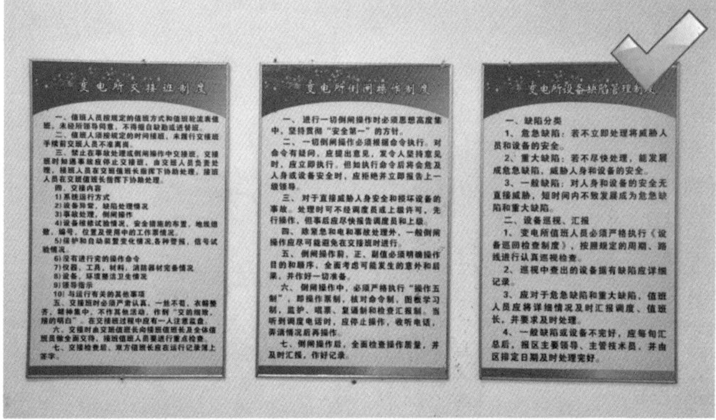

后　　果

管理不到位，易造成作业不规范。

整改建议

值班巡查、交接班、倒闸操作等制度应完善上墙，并有相关记录。

案例3　运行中的干式变压器门未紧闭、未上锁★★★

后　果

（1）可能导致开关跳闸。

（2）误入误碰带电设备，存在触电危险。

（3）小动物易进入，造成短路事故。

整改建议

（1）运行中的干式变压器门应保持紧闭上锁状态，钥匙应集中定置保管。

（2）检查干式变压器门的防误闭锁装置是否正常。

案例4 运行中的油浸式变压器存在渗漏油现象★★☆

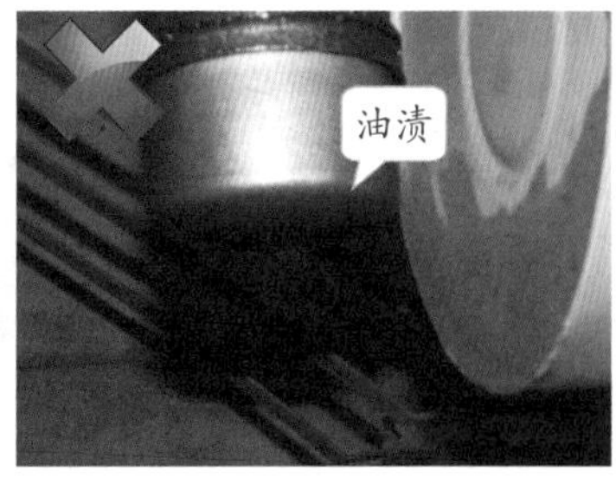

后 果

导致变压器散热不良，绝缘强度降低。

整改建议

（1）运行中的油浸式变压器应无渗漏油现象，油位应保持在正常范围内。

（2）对变压器做停电检修处理。

（3）如变压器油位过低，应补充变压器油至正常位置。

案例5　运行中的变压器灰尘堆积、绝缘套管有油污★☆☆

后　　果

绝缘套管易污闪，长期会导致绝缘损坏。

整改建议

（1）运行中的油浸式变压器应保持清洁，绝缘套管应光洁无污。

（2）停电清扫，去除变压器上杂物、灰尘、油污。

案例6 运行中的变压器未设置围栏、未挂警告牌★★★

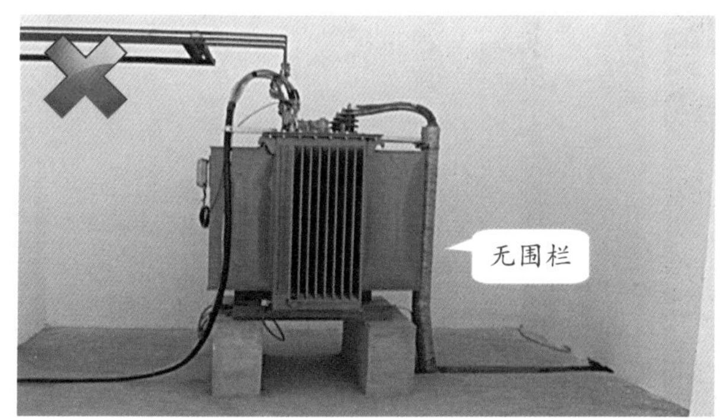

后 果

易误入、误碰带电变压器。

整改建议

（1）运行中的变压器应设置围栏，悬挂“止步，高压危险”警告牌。

（2）围栏高度要达到170厘米，间距不大于10厘米。

案例7　变压器温度异常★★★

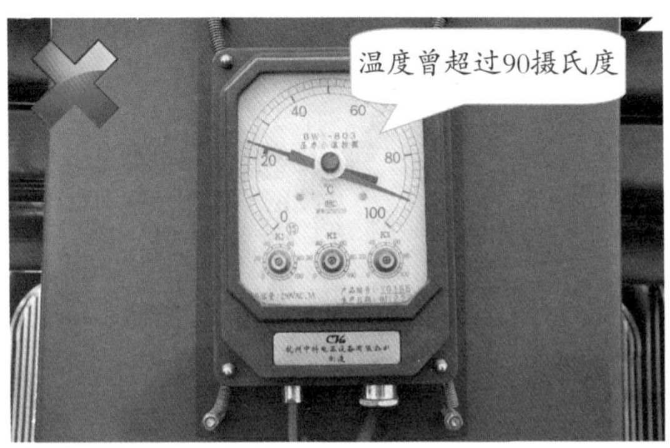

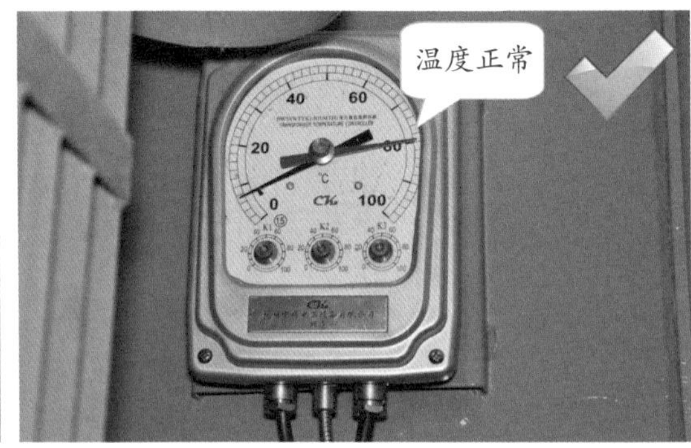

后　果

引起绝缘老化、损耗增加，严重时导致变压器绕组匝间短路。

整改建议

（1）加强对运行中变压器的巡视和记录，油浸式变压器顶层油温不得经常超过85摄氏度，最高不得超过95摄氏度；干式变压器的温度限值按照厂家的规定，一般控制在80摄氏度以下。

（2）确保冷却设备正常运行，同时严格控制用电负荷，必要时进行停电检修。

案例8 变压器呼吸器硅胶受潮★★☆

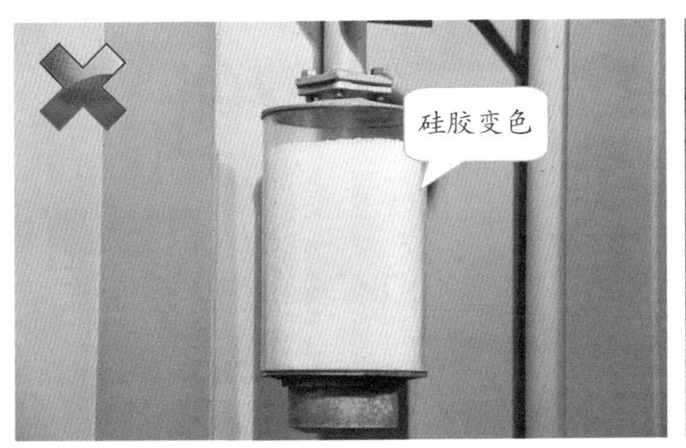

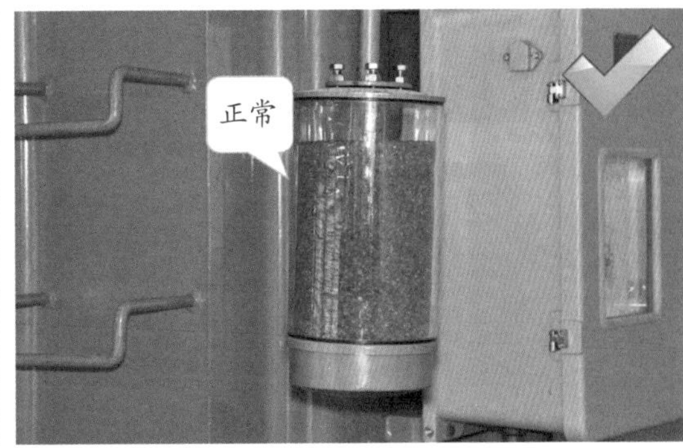

后 果

容易引起变压器油绝缘性能下降。

整改建议

（1）加强日常巡视检查，发现硅胶变色及时进行更换。

（2）必要时进行油样分析实验。

案例9　高压开关柜柜门未关闭★★☆

后　果

造成二次线路积灰、受潮，易误碰误跳，产生二次故障。

整改建议

（1）高压开关柜柜门应紧闭上锁，钥匙集中定置保管。

（2）定期清扫柜内二次端子排。

案例10 多电源联锁装置失效★★★

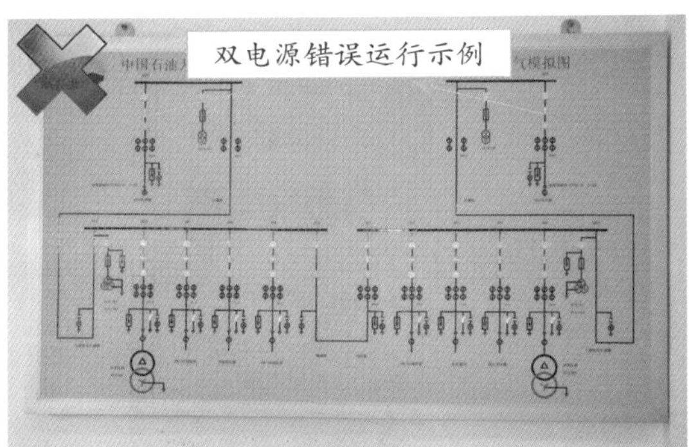

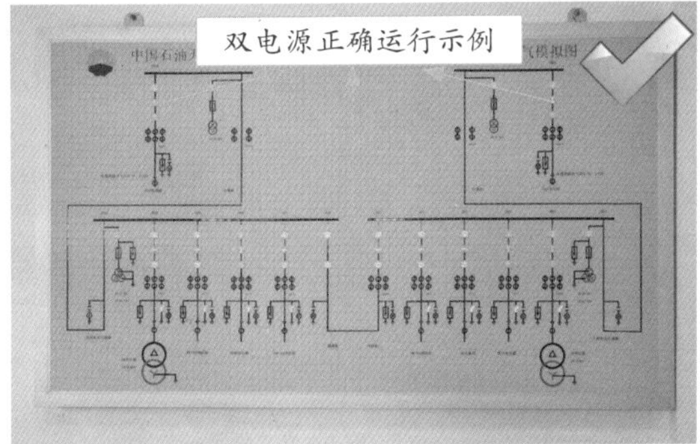

后　果

多电源合环运行易造成短路、产生环流、电源倒送，导致人身、设备事故。

整改建议

（1）多电源联锁装置应可靠、有效。

（2）运行方式应符合供用电合同约定。

案例11　高压开关柜柜内加热除湿器故障★☆☆

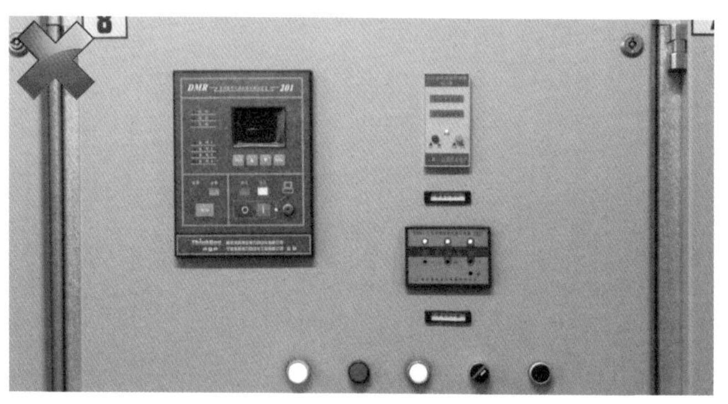

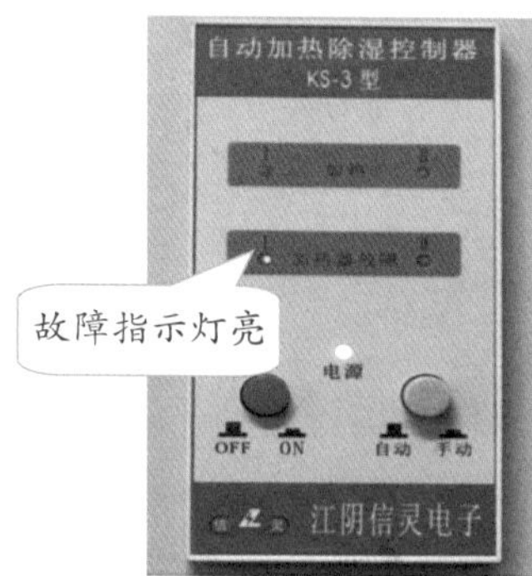

后　　果

造成柜内一次设备凝露，影响设备绝缘。

整改建议

（1）高压开关柜柜内加热除湿器应运行正常有效，保持柜内干燥。

（2）停电检修故障加热除湿器。

案例12　开关柜未正确命名★★☆

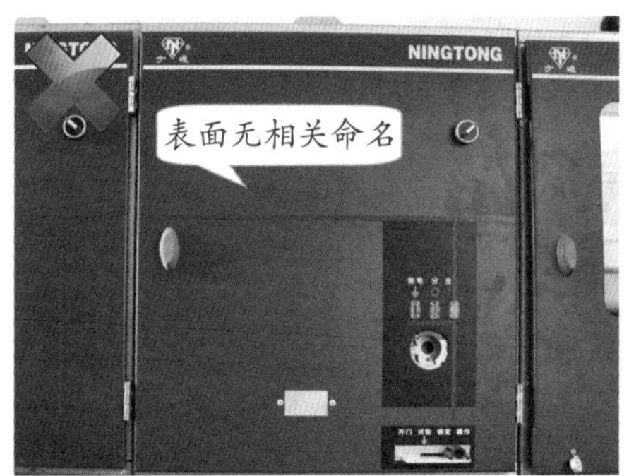

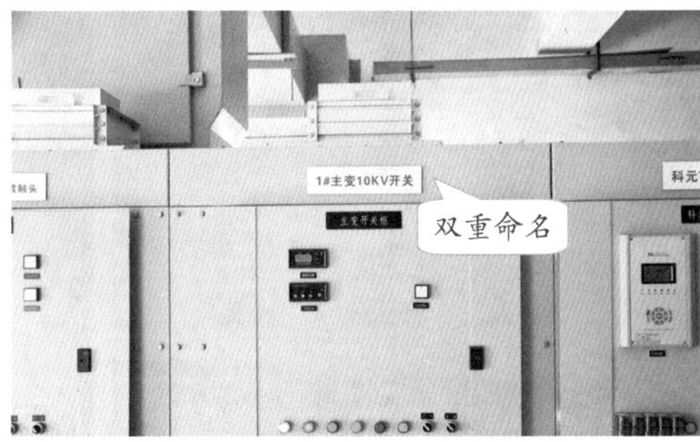

后　　果

容易走错间隔，造成误操作，产生人身（设备）安全隐患。

整改建议

（1）高低压成套柜的柜前、柜后均应正确命名。

（2）二次压板、指示灯、控制开关等设备均应标识正确。

案例13 电容器胀肚、液体泄漏、失容★★☆

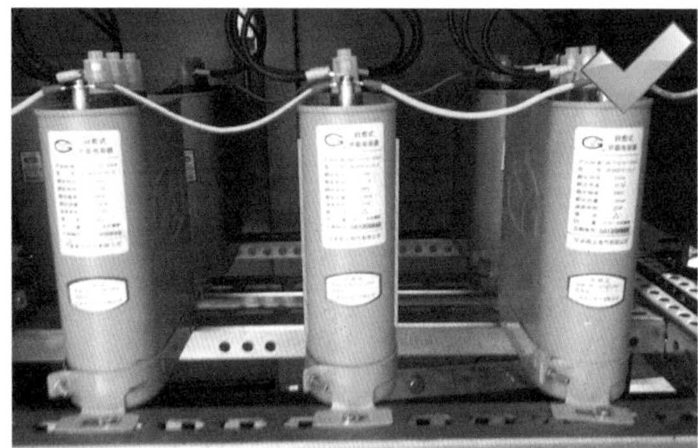

后果

影响无功补偿效果，危害人身、设备安全。

整改建议

（1）电容器表面应干净整洁，外形应正常。

（2）更换故障电容器。

案例14　低压配电柜未装设底板★★☆

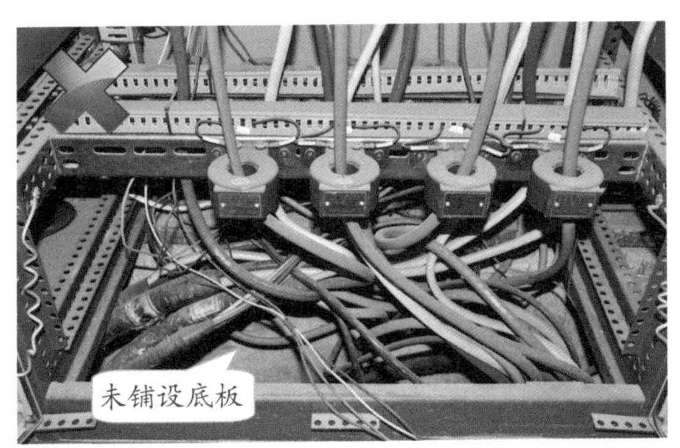

后　　果

小动物容易进入配电柜造成短路事故。

整改建议

配电柜应正确装设底板，电缆应从底板电缆孔穿过并有防护套，封堵严密。

案例15　配电柜仪表或指示灯显示错误★☆☆

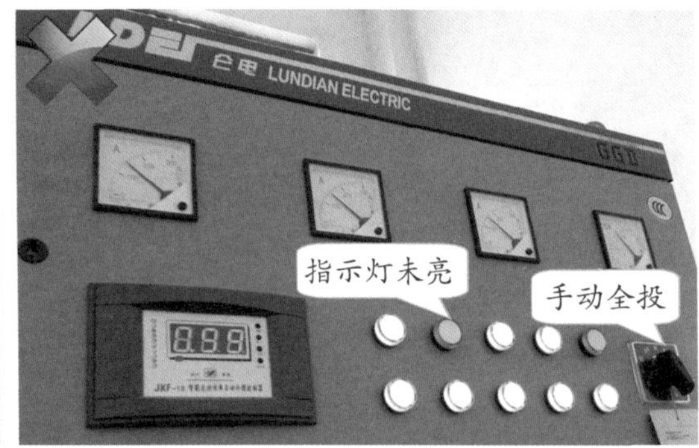

后　果

不能正确反映设备工况，影响正确判断。

整改建议

（1）配电柜仪表及指示灯应完好，能正确反映设备工况。

（2）排查仪表及指示灯异常原因，修复故障元件。

案例16　计量柜门未装封印★★★

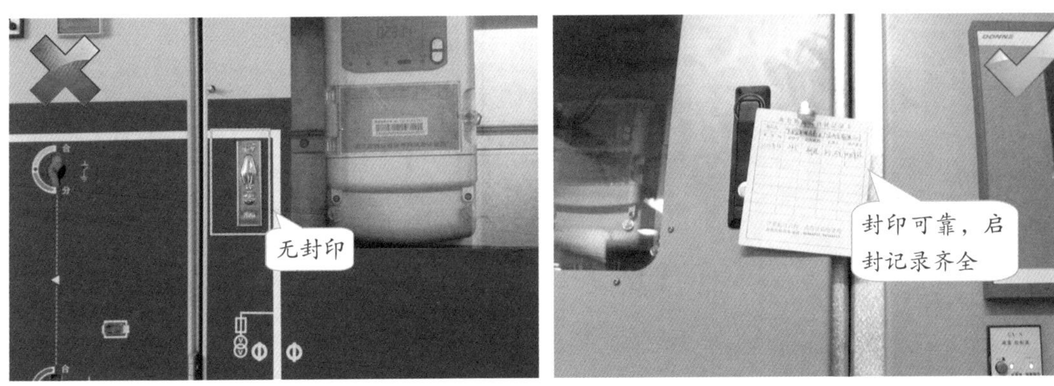

后　果

不满足计量防窃电要求，存在窃电风险。

整改建议

（1）计量柜封印应可靠，启封记录齐全。

（2）调查封印缺失原因，检查计量装置，补齐封印。

案例17 计量回路电压断相★★★

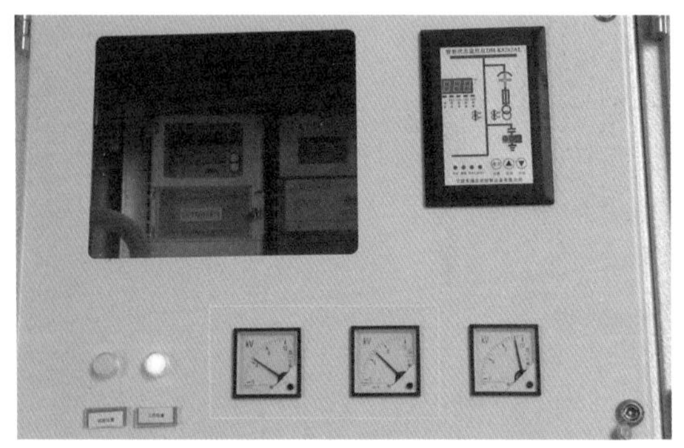

后　果

计量错误，少计电量。

整改建议

（1）计量装置接线应正确，二次电压电流显示正常。

（2）更换故障熔丝或互感器，确认故障时间，协商电费追补方案。

案例18　配电房通道堵塞★★☆

后　　果

影响操作及检修人员出入，易造成事故应急处置延误。

整改建议

（1）配电房通道应保持畅通无阻，门应能正常开启。

（2）清理通道上的杂物。

案例19　变配电室窗户未采取防护小动物措施★★☆

后　果

易造成小动物进入，引起短路。

整改建议

变配电室可开启窗户及百叶窗应加装直径小于10毫米X10毫米的金属丝网。

案例20　配电房照明设施不足★★☆

后　　果

影响巡视、操作和检修等工作，存在人身安全隐患。

整改建议

配电房应安装日常照明设备和应急照明设备，且不应安装在电气设备正上方。

案例21 配电房房门防小动物挡板设置不符合要求★★☆

后　果

小动物易进入配电室，造成设备短路事故。

整改建议

配电房进出门应装设高度为40～60厘米的光滑挡板。

案例22　配电房内杂物堆积★☆☆

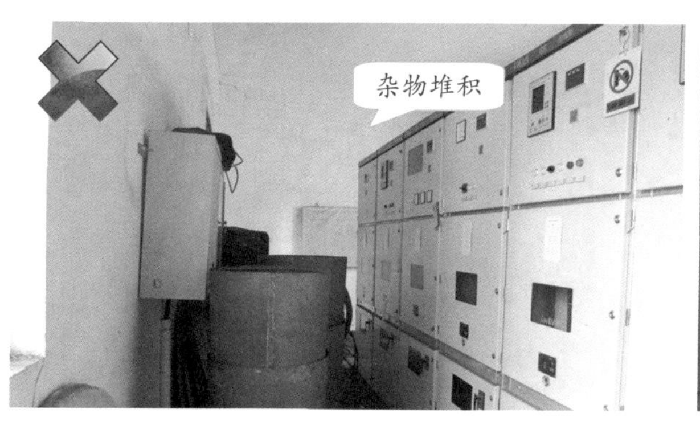

后　　果

影响电气人员操作，存在人身安全隐患。

整改建议

配电房应无杂物，定期清扫，保持整洁。

案例23　绝缘垫铺设不到位★★★

后　　果

操作人员存在触电隐患。

整改建议

配电房高（低）压设备前后均应铺设相应等级的绝缘垫，并保持干燥整洁、完好无损。

案例24　电缆沟未铺设盖板★★☆

后　　果

造成人身意外伤害事故。

整改建议

应铺设牢固可靠的盖板。

案例25　安全工器具放置不规范★★☆

后　　果

容易造成丢失、损坏，绝缘性能下降，紧急情况下无法使用或出现安全事故。

整改建议

将工器具按编号对应放置在专用工具箱、工具柜或工具架上。

案例26 安全工器具检验超周期★★★

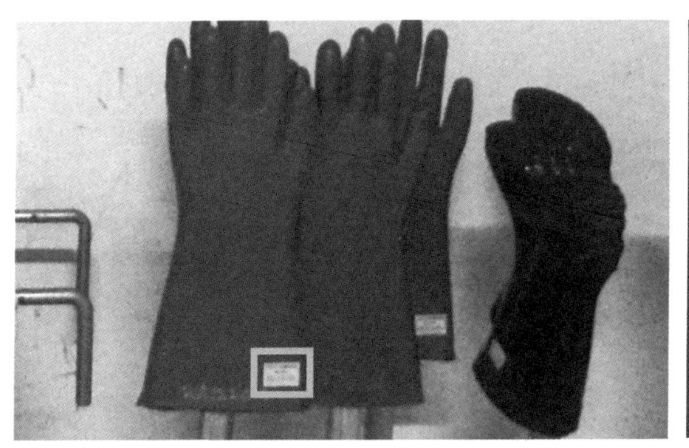

后 果

安全性能不能确定，存在人身安全隐患。

整改建议

（1）安全工器具应定期试验。

（2）严禁使用试验超周期的工器具。

案例27　灭火器压力过低★★★

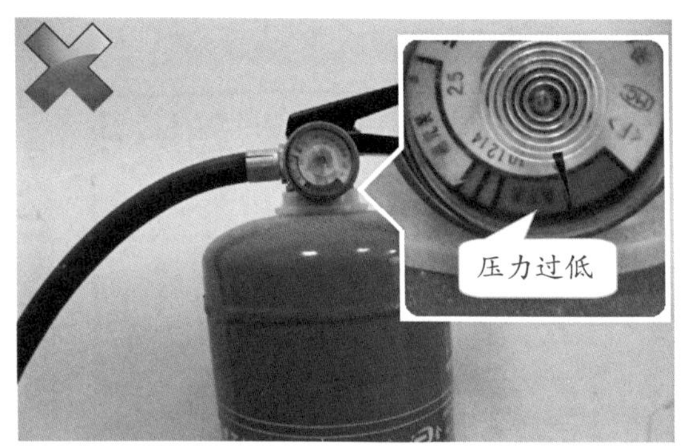

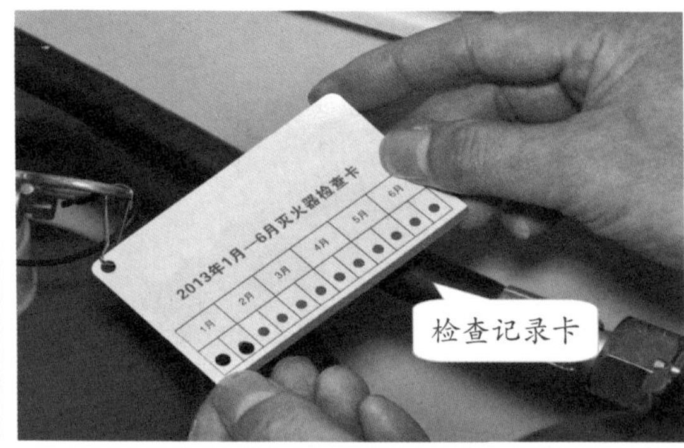

后　　果

灭火器不能正常使用，影响灭火效果。

整改建议

（1）灭火器压力指示应在正常范围内，并有定期检查记录。

（2）更换压力过低灭火器。

案例28　发电机和燃油未分开放置★★★

后　果

存在火灾隐患。

整改建议

如油量超过消防有关规定，应设储油间并采取相应防火措施。